AF453086

HISTOIRE

DES CHÊNES

DE

L'AMÉRIQUE SEPTENTRIONALE.

A PARIS,

Chez {
Fuchs, Libraire, rue des Mathurins;
Villier, Libraire, même rue;
Levrault frères, Libraires, quai Malaquai; et à *Strasbourg*, chez les mêmes.
}

HISTOIRE
DES CHÊNES
DE L'AMÉRIQUE,

OU

Descriptions et Figures de toutes les espèces et variétés de Chênes de l'Amérique Septentrionale,

Considérées sous les rapports de la Botanique, de leur culture et de leur usage.

PAR ANDRÉ-MICHAUX,

Membre associé de l'Institut national de France, de la Société d'Agriculture de Charleston, *Caroline méridionale*, etc.

A PARIS,

DE L'IMPRIMERIE DE CRAPELET.

AN IX — 1801.

AVERTISSEMENT.

PENDANT les vingt années que j'ai employées à voyager,
tant en Asie qu'en Amérique, je n'ai pu trouver, ni le
loisir, ni les moyens de faire connaître le résultat de
mes observations. Depuis mon retour en France, je
m'occupais de cet objet, lorsque, nommé par le Gou-
vernement pour faire partie de l'expédition du Capitaine
Baudin, j'ai quitté de nouveau ma Patrie, pour aller
avec ce Navigateur et d'autres Savans qui l'accompa-
gnent, parcourir les mers du Sud. Avant mon départ,
j'ái mis la dernière main à mon *Histoire des Chénes
d'Amérique*, que je publie aujourd'hui, et à ma *Flore
de l'Amérique septentrionale*, qui paraîtra ensuite. J'ai
laissé à mon fils le soin de surveiller l'impression de ces
deux ouvrages. Il en est un autre que j'aurais bien desiré
mettre sous les yeux du Public; c'est l'histoire détaillée
de mes voyages : mais les circonstances dont je viens
de parler, ne m'ont pas permis de l'entreprendre ;
j'ignore l'époque de mon retour, et je me suis contenté
de présenter un apperçu de l'itinéraire des pays que j'ai
parcourus, soit afin de donner une idée de ce que j'ai
fait pour servir mon pays et contribuer aux progrès de
la Botanique, soit pour être utile aux voyageurs qui desi-
reraient visiter les mêmes contrées, soit enfin pour faire
connaître le nom des hommes bienfaisans et amis des

AVERTISSEMENT.

sciences, qui, hors de l'Europe, ont contribué à ma conservation et aux succès de mes travaux.

Ce résumé de mes voyages botaniques paraîtra avec la *Flore de l'Amérique.*

INTRODUCTION.

JE ne remonterai pas à des époques reculées, pour apprécier l'utilité du Chêne, et discuter avec les anciens Auteurs, s'il est vrai que les hommes du premier âge aient vécu du gland de cet arbre. Il est vraisemblable que le mot *Gland* était un nom générique applicable à divers fruits. Les Arabes nommaient *Tamar* celui du Dattier, et ils ajoutaient à ce mot un nom spécifique, lorsqu'ils voulaient désigner un fruit d'une nature différente ; ainsi le Tamarin, ou Tamarind, était appelé *Tamar-Hendî*, Dattier de l'Inde, etc.

Les Grecs se servaient du mot Βάλανος (Balanos) pour désigner la datte, la châtaigne, le gland de Chêne et plusieurs autres fruits ; et les mercenaires employés à la récolte du gland étaient appelés Βαλανισταί (Balanistes), aussi bien que ceux qui recueillaient les dattes. Les Latins employaient aussi le mot *Glans* comme nom générique, et la datte se nommait *Glans phœnicea*, la châtaigne, *Glans sardiana,* le fruit du Noyer, *Jovis glans* ou *Juglans*, etc.

Enfin, les Gaulois ont nommé indistinctement gland de Chêne, de Hêtre, de Châtaignier, le fruit de ces arbres. Il est donc à présumer que sous la dénomination générique de *Gland*, les dattes, les châtaignes, etc. ont été autrefois, comme aujourd'hui, préférablement au fruit du Chêne, l'aliment de plusieurs nations. Plutarque nomme les Arcadiens Βαλανηφάγοι (Balanephages), et dit que ces peuples étaient réputés invincibles, parce qu'ils faisaient leur principale nourriture de glands. Sans recourir à l'histoire ancienne, je ne nierai pas non plus que le fruit du Chêne ne fût mangeable ; il est constant que dans toutes les villes de la Morée et de l'Asie mineure, on vend encore aujourd'hui dans les marchés une espèce de gland de Chêne bon à manger ; le Naturaliste Olivier, qui, tout récemment, a visité ces mêmes contrées, a vérifié ce fait ainsi que moi. C'est à Bagdad que j'ai mangé les meilleurs glands qui croissent dans la Mésopotamie et le Curdistan : ils sont gros et longs comme le doigt. J'ai aussi goûté de ceux qu'on mange en Espagne, et ils m'ont paru assez doux. Le professeur Desfontaines fait aussi mention, dans les Mémoires de l'Académie des Sciences, d'un gland de Chêne bon à manger (*Quercus ballota*) ; mais mon but est de parler de l'utilité du Chêne chez les peuples de notre âge, et de faire connaître les différentes espèces que j'ai observées dans l'Amérique Septentrionale.

Le Chêne croît naturellement dans toutes les parties de la Zone tempérée, en Europe, en Asie, en Amérique, et même en Afrique. Sa culture exige des soins particuliers, la transplantation, la greffe et les autres moyens de reproduction ne lui étant pas toujours favorables. La nature a particulièrement formé cet arbre pour les vastes forêts. Il y domine souverainement sur tous les autres végétaux, et il fournit une nourriture abondante à des animaux de nature différente. En Europe, le Cerf, le Chevreuil et le Sanglier vivent pendant tout l'hiver du gland des Chênes de nos bois ; en Asie, les Faisans et les Pigeons ramiers le partagent avec les bêtes fauves ; dans l'Amérique Septentrionale, l'Ours, l'Ecureuil, le Pigeon et le Dinde sauvages recherchent aussi le gland des Chênes. Plusieurs espèces de Quadrupèdes et d'Oiseaux de ce continent, ayant consommé les fruits d'un territoire, émigrent par troupes innombrables dans les pays où ces fruits se trouvent plus abondamment.

Le Chêne est de tous les arbres celui dont le bois est employé le plus généralement et le plus utilement ; il sert à la construction des maisons et des navires ; on en fait des instrumens d'agriculture, etc. il fournit des substances utiles en médecine ; il est d'une nécessité presque indispensable pour le Tanneur, le Teinturier, etc. enfin il est l'aliment journalier du feu, si nécessaire à notre existence.

Le genre Chêne renferme un grand nombre d'espèces qui ne sont pas connues, et la plupart de celles qui croissent en Amérique, se présentent sous des formes si variées dans leur jeunesse, qu'on ne peut les reconnaître sûrement, qu'à mesure que l'arbre parvient à l'âge adulte. Il semble que la nature ait voulu multiplier cet arbre, et le rendre d'une utilité générale, en faisant croître sous les mêmes latitudes, différentes espèces qui pussent s'accommoder aux diversités de la température et du sol. Car le Chêne n'habite pas toujours les forêts, et il ne s'élève pas toujours à une grande hauteur ; il est des contrées qui ne produisent que des Chênes nains, comme le Chêne *kermes* (*Q. coccifera. Linn.*) et quelques autres, qui sont petits par leur nature ; tandis que parmi ceux qui naissent sur les rochers et sur les côtes de la Mer Méditerranée, il en est plusieurs dont le défaut d'élévation ne provient que de l'aridité du sol où ils ont pris naissance. Il existe aussi des variétés produites par des causes purement accidentelles ; dans l'Amérique Septentrionale, elles présentent des Chênes nains stolonifères, dont les rejetons multipliés couvrent de vastes étendues de terrain. Les prairies situées au milieu des forêts de ce continent, sont brûlées annuellement par les Sauvages et par les nouveaux habitans, qui cherchent par ce moyen à renouveler les herbes, pour y attirer les bêtes fauves, et y nourrir des bestiaux. L'incendie ayant gagné les forêts et détruit les grands arbres, les racines horizontales de plusieurs espèces de Chêne détachées du tronc, reproduisent d'elles-mêmes, et séparément, des rejetons qui fructifient ensuite à deux ou trois pieds de hauteur. Chaque faisceau ou assemblage de ces rejetons sur une même souche, peut être considéré comme un arbre nain ou sans tige ; car le feu, en consumant ces arbres jusqu'à la racine, produit le même effet que l'amputation de la tige et que la taille sur les Poiriers cultivés, qui, sans cela, seraient devenus de grands arbres ; mais qui, par ces opérations réitérées, peuvent rester nains, et produire des branches fructifères immédiatement près de la racine. Plusieurs Voyageurs n'ayant pas eu le temps d'observer ces Chênes avec assez de soin, les ont regardés comme des espèces particulières ; mais ceux dont on a semé les glands ont poussé, comme tous les autres, une radicule descendante, sans produire de. rejetons ; il n'est donc pas vraisemblable qu'il y ait des Chênes naturellement stolonifères.

Les Chênes offrent de nombreuses variétés, et la détermination de l'espèce à laquelle on doit les rapporter, présente de grandes difficultés. Souvent une variété intermédiaire paraît tellement rapprocher deux espèces, qu'il est difficile, d'après l'examen de la foliation, de déterminer à laquelle des deux cette variété doit appartenir. Quelques espèces sujettes à varier dans leur jeunesse, paraissent alors si différentes, que les caractères de la foliation sont insuffisans pour faire reconnaître la même espèce dans les individus jeunes et dans ceux qui sont adultes. Plusieurs autres, au contraire, présentent une telle uniformité, que les distinctions spécifiques ne peuvent être établies que sur la fructification, laquelle est elle-même sujette à des exceptions et à des variations. Ce n'est que par des observations comparatives sur les individus considérés dans l'âge adulte et dans l'adolescence, qu'on peut parvenir à distinguer les espèces qui ont entre elles une grande affinité, et à rapporter les variétés à leur espèce.

La description des Chênes de l'Amérique Septentrionale a été obscure jusqu'ici, par plusieurs raisons : 1°. les Botanistes qui ont visité ces pays n'ont donné que des observations isolées sur ces arbres, et n'ont point eu égard aux caractères de la fructification ; 2°. les Auteurs qui en ont traité d'après eux, ont souvent réuni plusieurs espèces sous une même dénomination ; enfin, les figures qu'ils ont données des Chênes d'Amérique que l'on cultive en Europe, ne sont pas toujours exactes, parce que leur accroissement y est retardé par une température qui leur est moins favorable que celle de leur pays natal, et parce qu'ils y conservent plus long-temps les variétés de foliation qui caractérisent leur adolescence [1].

Pour éclaircir mes doutes, j'ai semé et cultivé pendant mon séjour en Amérique, toutes les espèces que j'ai eu occasion d'observer et de recueillir, et dès la deuxième année, j'ai eu la satisfaction de reconnaître toutes les variétés qui, lorsque je parcourais les forêts, m'avaient causé tant d'incertitudes. En suivant avec attention et assiduité les variations que certaines espèces éprouvent, jusqu'à ce qu'elles soient parvenues à l'âge adulte, j'ai reconnu dans les plus jeunes individus l'empreinte et le type de leur espèce. C'est ainsi que je suis parvenu à reconnaître les rapports qui existent entre elles. Pour en faire le rapprochement, j'ai profité des moyens que la nature elle-même semblait me fournir; mais si, d'un côté, l'observateur qui suit la marche de la nature, parvient, par le rapprochement des espèces, à les lier entre elles, d'un autre côté il se trouve très-embarrassé lorsqu'il s'agit de déterminer chaque espèce, et de lui assigner des caractères propres et différentiels.

J'ai cherché à disposer les différentes espèces de Chêne d'Amérique, suivant une série naturelle. Pour y parvenir, j'ai pensé d'abord que les parties de la fructification me fourniraient des caractères propres à établir cette série; aucune ne m'en a offert les moyens, et je n'y ai trouvé que des distinctions de peu d'importance, telles que l'attache des fleurs femelles, tantôt presque sessiles, tantôt pédonculées; la grosseur des fruits, leurs différentes époques de maturité, etc. Il ne m'a pas été possible non plus d'établir une distinction suffisante, d'après la structure de la cupule. J'ai donc porté mes observations sur les feuilles; elles m'ont offert des distinctions plus frappantes, et je m'en suis servi pour établir deux sections dans ce genre. La première renferme les espèces à feuilles *mutiques*, c'est-à-dire, dépourvues de pointes sétacées; j'ai rangé dans la seconde celles à feuilles, *dont le sommet, ou les découpures, sont terminées par une soie.*

L'intervalle de temps qui s'écoule entre l'apparition de la fleur et la maturité du fruit, n'est pas le même dans toutes les espèces de Chêne; ce terme de la fructification que j'ai présenté d'abord comme insuffisant pour établir les deux sections principales, m'a paru néanmoins assez important, pour l'admettre comme caractère secondaire.

Il est bien reconnu que toutes les espèces de Chêne sont monoïques,

---

[1] Plusieurs des figures données par Du Roi, et celle de Plucknet, pl. LIV, fig. 5, représentent des Chênes qui n'avaient point acquis l'état de perfection que donne l'âge adulte.

et que dans le Chêne rouvre (*Quercus robur*. Linn.) et dans plusieurs autres espèces, les fleurs mâles sont situées sur les jeunes rameaux qui naissent au printemps, et que les fleurs femelles sont disposées sur ces mêmes rameaux au-dessus des fleurs mâles. On sait aussi que les unes et les autres sont axillaires; qu'immédiatement après la fécondation, les fleurs mâles se fanent et tombent, tandis que, les fleurs femelles continuent leur accroissement, et parviennent, dans le cours de la même année, au terme de la fructification. C'est-là la marche ordinaire de la nature ; mais il n'en est pas de même à l'égard de plusieurs espèces de ce genre, dans lesquelles les fleurs femelles, que l'on voit paraître au printemps, restent un an entier sans accroissement. Il est à présumer qu'elles ne sont pas fécondées dès la première année, puisque ce n'est qu'après le deuxième printemps qu'elles augmentent de grosseur et parviennent à maturité. Il y a donc un intervalle de dix-huit mois depuis l'apparition de la fleur jus-qu'au temps de la maturité du fruit. Ces considérations m'ont fourni deux divisions secondaires ; l'une comprend les espèces que j'appelle à *fructifi-cation annuelle ,* c'est-à-dire, auxquelles l'intervalle ordinaire de six mois suffit, pour arriver au terme de la maturité du fruit ; l'autre renferme les espèces dont la fructification est *bisannuelle ,* c'est-à-dire, dont le fruit ne mûrit qu'au bout de dix-huit mois. Il faut remarquer que , lorsque la fructification est annuelle , elle reste toujours axillaire , tandis que, dans les espèces où elle est bisannuelle, elle ne l'est que pendant la première année ; mais à la deuxième, et lorsque les feuilles tombent, elle se trouve nécessairement isolée. Clusius en a fait la remarque à l'égard du *Quercus cerris*. Linn. , dont la fructification est bisannuelle; il s'ex-prime en ces termes : « *Flores racematim compactos ut Quercus , è qui-* » *bus uti nec in Quercu nascuntur caliculi, sed ii brevi crassoque* » *pediculo annotinis ramulis adhærent, non in foliorum alis , omnino* » *hispidi ,* etc. » Clus. rar. pl. Hist. pag. 20.

Il faut excepter ceux dont la fructification , quoique bisannuelle , reste toujours axillaire , parce que les feuilles ne tombent pas , tels que le *Quercus coccifera*. Linn. , et le *Q. virens*. Ait. J'observerai aussi que, dans l'ancien continent, on trouve des Chênes à fructification bisannuelle, tels sont le *Quercus cerris , Q. ægylops , Q. coccifera ,* Linn. , *Q. pseudosuber ,* Desf. , etc.

DES CHÊNES D'AMÉRIQUE.

FEUILLES MUTIQUES.

Fruits pédonculés.
Fructification annuelle.
(bisannuelle dans la 6ᵉ es-
pèce).

lobées. . . . .
- 1. CHÊNE OBTUSILOBÉ.
- 2. C ——— FRISÉ OU A GROS FRUIT.
- 3. C ——— BLANC–AQUATIQUE.
- 4. C ——— BLANC : à feuilles pinnatifides.
- ——— ——— à feuilles sinueuses.

dentées. . . .
- 5. CHÊNE CHATAIGNIER : des swamps.
- ——— ——— des montagnes.
- ——— ——— des Illinois.
- ——— ——— Chenquapin.
- ——— ——— velu.

entières. . . . . 6. CHÊNE VERD de Caroline.

FEUILLES
A SOMMET, OU DÉ-
COUPURES TERMI-
NÉES PAR UNE SOIE.

Fruits presque sessiles.
Fructification bisannuelle.

entières. . . .
- 7. CHÊNE SAULE : à feuilles caduques.
- ——— ——— à feuilles persistantes.
- ——— ——— stolonifère.
- 8. C ——— CENDRÉ.
- 9. C ——— A LATTES.
- 10. C ——— LAURIER : à feuilles aiguës.
- ——— ——— à feuilles obtuses.

courtement lobées.
- 11. CHÊNE AQUATIQUE.
- 12. C ——— NOIR.
- 13. C ——— QUERCITRON : à feuilles anguleuses.
- ——— ——— à feuilles sinueuses.
- 14. C ——— TRILOBÉ.

profondément multifides.
- 15. CHÊNE DE BANISTER.
- 16. C ——— VELOUTÉ.
- 17. C ——— DE CATESBY.
- 18. C ——— ÉCARLATE.
- 19. C ——— DES MARAIS.
- 20. C ——— ROUGE.

QUERCUUM AMERICANARUM

DISPOSITIO METHODICA.

FOLIIS
ADULTÆ PLANTÆ MUTICIS:

Fructus pedunculati.
Fructificatio annua.
(in specie 6ᵃ. biennis.)

lobatis......
- 1. QUERCUS OBTUSILOBA.
- 2. Q —————— MACROCARPA.
- 3. Q —————— LYRATA.
- 4. Q —————— ALBA : pinnatifida.
- —————— —————— repanda.

dentatis.....
- 5. QUERCUS PRINUS : palustris.
- —————— —————— monticola.
- —————— —————— acuminata.
- —————— —————— pumila.
- —————— —————— tomentosa.

integris......
- 6. QUERCUS VIRENS.

FOLIIS
ADULTÆ PLANTÆ SETACEO-MUCRONATIS:

Fructus subsessiles.
Fructificatio biennis.

integris......
- 7. QUERCUS PHELLOS : sylvatica.
- —————— —————— maritima.
- —————— —————— pumila.
- 8. Q —————— CINEREA.
- 9. Q —————— IMBRICARIA.
- 10. Q —————— LAURIFOLIA.
- —————— —————— obtusifolia.

breviter lobatis.
- 11. QUERCUS AQUATICA.
- 12. Q —————— NIGRA.
- 13. Q —————— TINCTORIA : angulosa.
- —————— —————— sinuosa.
- 14. Q —————— TRILOBA.

profunde multifidis.
- 15. QUERCUS BANISTERI.
- 16. Q —————— FALCATA.
- 17. Q —————— CATESBÆI.
- 18. Q —————— COCCINEA.
- 19. Q —————— PALUSTRIS.
- 20. Q —————— RUBRA.

CARACTÈRE GÉNÉRIQUE.

CHÉNE. Genre monoïque de la division des Amentacées à ovaire infère, qui comprend de grands arbres et des arbrisseaux. *Feuilles* alternes, simples stipulées; le plus souvent caduques, soyeuses et molles au printemps, glabres et coriaces en automne. *FLEURS MALES* disposées par petits groupes alternes sur des chatons filiformes, longs, pendans, situés dans les aisselles des feuilles inférieures des jeunes rameaux. *FLEURS FEMELLES* solitaires ou groupées sur un pédoncule plus ou moins long, quelquefois très-court, situé sur les mêmes rameaux, dans les aisselles des feuilles supérieures.

* *FLEUR MALE.*

CALICE monophylle, membraneux, quadri ou quinquefide.

ÉTAMINES : quatre à dix; filets menus, insérés au fond du calice, et plus longs que lui; anthères didymes.

* *FLEUR FEMELLE.*

INVOLUCRE uniflore, resserré au sommet, et presque fermé avant la maturité du fruit, persistant.

CALICE très-petit, à six dents aiguës, appliquées à la base du style, persistant.

OVAIRE infère, à trois loges confuses : deux ovules dans chaque loge. Un style court; trois stigmates sillonnés, réfléchis.

FRUIT : *Gland* souvent ovoïde, quelquefois globuleux ou sphérique, lisse, coriace, ne s'ouvrant point, uniloculaire et monosperme par avortement, enchâssé et fixé par toute sa base dans une *cupule* entière en son bord, souvent écailleuse ou tuberculeuse, plus ou moins profonde; produite par l'involucre qui s'est accru. Une graine dont le tégument propre fait corps avec la paroi interne du péricarpe. Embryon dicotylédoné, dépourvu de périsperme; cotylédons charnus, radicule ascendante.

CARACTER GENERICUS.

QUERCUS. *TOURN. LINN.*
FLORES sexu distincti in eadem stirpe.

* *MASCULI* amentacei; amenta axillaria, longa, pendula, floribus supra axim filiformem interrupte glomeratis; sæpius fasciculata.

CALYX monophyllus, membranaceus, 4-5-fidus.

STAMINA 4-10, filamentis ex imo calyce enatis, exertis; antheræ didymæ.

* *FEMINEI* solitarie aut gregatim sessiles in fulcro pedunculiformi, modò brevissimo, modò plus minus elongato, ex superiorum foliorum axillis enascente.

INVOLUCRUM coriaceum, supra connivens, superstite foramine, limbo subintegrum, uniflorum, persistens.

CALYX superus, plerumque 6-dentatus, dentibus styli basin arcte cingentibus, persistentibus.

OVARIUM inferum, triloculare, ovulis in singulo loculo geminis; stylus unicus, brevis; stigmata tria, reflexa.

FRUCTUS : *Glans* ovata aut globosa, coriacea, non dehiscens, hilo lato notata; cincta involucro persistente (*cupula*) in crateram expanso, intus levi, extus tuberculoso aut squamoso; unilocularis, monosperma, (loculis et seminibus cæteris abortivis) rarissime 2-3-sperma.

SEMEN pericarpio conforme, absque perispermo, bilobum, lobis crassis; radicula supera.

ARBORES aut *FRUTICES. Folia* alterna, stipulacea, stipulis plerumque minimis, caducis, simplicia; decidua aut sempervirentia; vernalia pubescentia, mollia; autumnalia coriacea, sæpius glabra.

QUERCUS obtusiloba.

I. QUERCUS *OBTUSILOBA.*

QUERCUS foliis subtomentosis, profunde sinuato-lobatis, lobis retusis; basi acute cuneata : fructu mediocri; cupula craterata; Glande brevi-ovata.

> Q. *alba foliis, ad modum Anglicanæ incisis.* CLAYT. n°. 467.
> Q. *foliis superne latioribus, opposite sinuatis, sinubus angulisque obtusis.* GRON. Virg. *p.* 117.
> Q. *alba minor?* MARSH. Arb. am. *p.* 120. n°. 2.
> Q. *stellata ; foliis quinquelobis; lobis obtusis, imis integris, cœteris emarginatis, stelliformibus.* WANGENH. *p.* 78. fig. 15.

CHÊNE OBTUSILOBÉ. *Chêne gris.*
UPLAND WHITE-OAK, IRON OAK.

HAUTEUR : environ 17 mètres (*5o pieds*).

TRONC droit ; écorce blanchâtre. Ramification régulière.

FEUILLES sous-drapées, de couleur grise ou terreuse en dessous ; ordinairement à cinq lobes qui sont comme tronqués et échancrés ; sinus profonds ; base aiguë; pétiole court.

FRUCTIFICATION. *Fleurs mâles :* Chaton quelquefois très-court. *Fleurs femelles :* trois à quatre sur un même pédoncule. Cupule sous-hémisphérique; Gland de moyenne grosseur, ovoïde.

PAYS. Depuis le Canada et la Nouvelle-Angleterre jusqu'à la Floride, et sous les mêmes latitudes à l'ouest des Monts Alléghanis.

Obs. Cet arbre croît rarement dans les endroits bas et humides. La fructification en est toujours abondante. Les animaux sauvages, tels que l'ours et les bêtes fauves, recherchent son fruit et celui de toutes les espèces qui sont pédonculées, et dont la fructification est annuelle. Son bois est estimé pour tous les usages économiques : on le préfère à tout autre pour les pieux et les palissades, parce qu'il résiste long-temps à la pourriture. Il est employé pour la construction des maisons et des navires et pour le merrain.

Les habitans de l'Amérique nomment généralement CHÊNE BLANC notre *Quercus obtusiloba* et le *Quercus alba,* LINN. parce qu'ils ont tous les deux l'écorce blanchâtre; mais ils savent très-bien les distinguer, lorsqu'ils veulent les appliquer aux différens usages propres à chacun d'eux. Plusieurs auteurs ont confondu ces deux arbres avec le *QUERCUS robur,* dont ils paraissent en effet se rapprocher par la figure des feuilles, la forme des fruits, et même par la qualité du bois; mais

4

Clayton, Gronovius et Marshall ne s'y sont pas trompés. Wangenheim a aussi distingué parfaitement ces deux espèces, et il a donné une figure exacte de l'une et de l'autre.

TABULA PRIMA.

Chêne obtusilobé.	Quercus obtusiloba.
1. *Rameau adulte.*	1. *Ramus adultus.*
2. *Fleur mâle grossie.*	2. *Flos mas auctus.*
3. *Fleur femelle grossie.*	3. *Flos femineus auctus.*

QUERCUS macrocarpa.

2. QUERCUS *MACROCARPA*.

QUERCUS foliis subtomentosis, profunde lyratimque sinuato-lobatis : Lobis obtusis, subcrenato-repandis : Fructu maximo : Cupula profundius craterata, superne crinita ; Glande turgide ovata.

CHÊNE FRISÉ. *Chêne à gros fruit.*

OVER-CUP WHITE OAK.

HAUTEUR : 20 à 26 mètres (*60 à 80 pieds*).

ÉCORCE lisse et peu gersée, même dans l'âge adulte.

FEUILLES sous-drapées, lyrées ; sinus profonds et lobes obtus et comme crénés ; beaucoup plus grandes que celles de l'espèce précédente ; d'un verd moins obscur, et moins rudes au toucher. Pétiole plus long.

FRUCTIFICATION. Gland très-gros ; Cupule profonde et chevelue vers son bord ; Gland ovoïde, quelquefois plus renflé ; renfermé dans sa cupule avant sa maturité. Pédoncule assez long.

PAYS. Toutes les contrées à l'ouest des Monts Alléghanis, le Kentucky, le Tennassée, les Illinois, etc.

OBS. Cet arbre donne un bois de bonne qualité, lorsqu'il croît dans les terreins élevés, argilleux et calcaires, comme ceux des Etats du Kentucky et de Tennassée ; mais dans les terreins marécageux, il est languissant et couvert de lichens. Je présume que cette situation est contraire à sa qualité comme à son accroissement. Ses jeunes rameaux sont couverts d'une substance fongueuse, semblable à celle de l'Orme et du Liquidambar, qui disparaît à mesure qu'ils prennent de l'accroissement. On trouve sous ses feuilles des galles petites comme des lentilles et très-velues. On en voit aussi assez fréquemment de très-grosses sur cette espèce, ainsi que sur d'autres ; mais elles sont légères, membraneuses et vides : on peut néanmoins en faire de l'encre, lorsqu'on n'a pas d'autres ressources.

TAB. II.

CHÊNE frisé.	QUERCUS macrocarpa.
1. *Rameau cueilli au printemps.*	1. *Ramus vernus.*
2. *Fruit mûr.*	2. *Fructus maturus.*

TAB. III.

Feuille cueillie en automne.	*Folium autumnale.*

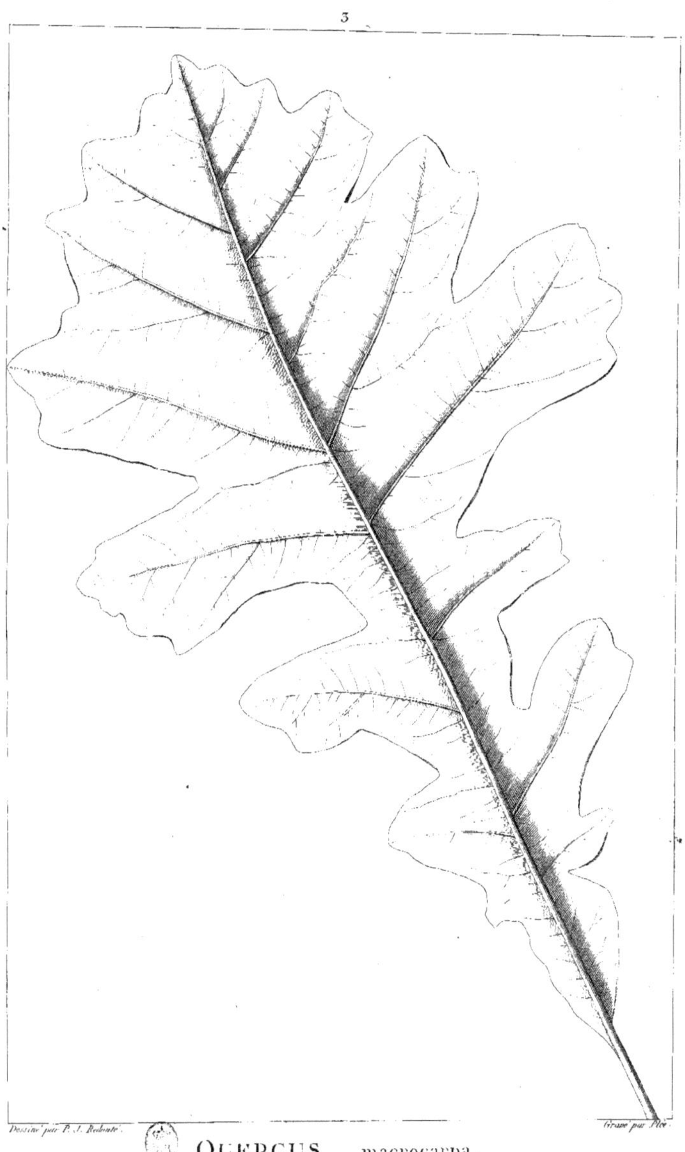

QUERCUS macrocarpa.

QUERCUS lyrata.

3. QUERCUS *LYRATA*. *WALT.*

QUERCUS foliis subsessilibus, glabris, lyrato-sinuosis; summitate dilatata, divaricato-triloba ; Lobis acutangulis, terminali tricuspide : Cupula depresso-globosa, muricato-scabrata; Glande subtecta.

Q. Foliis lyratis, lœvibus ; sinubus obtusissimis, lobis remotis, inœqualibus ; Glandibus magnis, globosis, subtectis. WALT. Car. *p.* 235. n°. 2.

CHÊNE BLANC AQUATIQUE. *Chéne lyré.*

WATER WHITE OAK.

HAUTEUR : environ 17 à 20 mètres (*5o à 6o pieds*).

ÉCORCE unie. Jeune tige et rameaux flexibles.

FEUILLES d'un verd très-agréable, entièrement glabres, lyrées; lobes comme quarrés et à angles aigus, le terminal à trois pointes; sinus très-obtus. Pétiole court.

FRUCTIFICATION. Cupule de moyenne grosseur, presque sphérique, hérissée de tubercules aigus, et enveloppant presque totalement le gland. Pédoncule quelquefois très-court.

PAYS. La Caroline méridionale et la Géorgie, dans les endroits fréquemment inondés par les grandes rivières.

OBS. J'ai toujours rencontré cet arbre dans les lieux aquatiques ou exposés aux inondations. Quoique je l'aie cultivé dans un terroin sec, il a surpassé, par la rapidité de son accroissement, la plupart des autres espèces que j'avais plantées dans la même pépinière.

TAB. IV.

CHÊNE blanc aquatique. | QUERCUS *lyrata.*

QUERCUS alba : 1 pinnatifida.
2 repanda.

4. QUERCUS *ALBA. L.*

QUERCUS foliis subæqualiter pinnatifidis ; laciniis oblongis , obtusis , plerumque integerrimis. Fructu majusculo ; Cupula craterata, tuberculoso-scabrata;
Glande ovata.

QUERCUS *ALBA pinnatifida.*

Q. foliis oblique pinnatifidis, sinubus angulisque obtusis. LINN. Sp. 1414.
GRON. Virg. *p.* 149. KALM. Trav. 1. *p.* 65. MILL. Dict. n°. 11. Du ROI.
11. n°. 270. DUHAM. Arb. 11. *p.* 203. VANGENH. *p.* 12. fig. 6.
Q. alba virginiana. PARK. Theat. 1387. CATESB. Car. 1. *p.* 21. t. 21.
CHARLEV. 11. *p.* 26. fig. 46.
Q. alba. BANIST. Cat. Stirp. Virg.
Q. alba palustris. MARSH. *p.* 120. n°. 3. CASTIGL. 11. *p.* 348.
*Q. foliis pinnatifidis lœvibus; lobis sinus subæquantibus ; supra saturate
viridibus, subtus glaucis ; Glandibus magnis, ovatis.* WALT. Car.
p. 235. n°. 10.
*Q. foliis pinnatifidis, sinubus angustatis ; laciniis oblongo - linearibus,
muticis.* AIT. Kew. 111. *p.* 358. n°. 12.

CHÊNE BLANC *à feuilles pinnatifides.*

WHITE OAK.

HAUTEUR : environ 20 mètres (*60 pieds*).

ÉCORCE blanchâtre , se levant par bandes longitudinales dans l'arbre adulte, à
mesure qu'il prend de l'accroissement.

FEUILLES presqu'uniformément pinnatifides, à découpures obtuses, souvent entières ; glabres et glauques en dessous.

FRUCTIFICATION. *Fleurs mâles :* cinq à dix étamines. *Fleurs femelles :* une
ou deux sur chaque pédoncule. Cupule sous-hémisphérique, tuberculeuse;
Gland ovoïde, assez gros; pédoncule quelquefois très-court.

PAYS. Depuis le Canada jusqu'à la Floride.

OBS. Cette espèce peut être comparée au Chêne d'Europe à long pédoncule,
dont elle diffère peu par les feuilles, le fruit, et même par la qualité du bois.
En Amérique, on la préfère à toutes les autres pour la construction des maisons
et des navires. Elle sert à tous les usages économiques ; elle fournit un excellent

merrain pour les tonneaux à liqueurs spiritueuses, au lieu que ceux qu'on fabrique avec le Chêne rouge et plusieurs autres espèces, ne peuvent contenir que des marchandises sèches. Enfin, l'élasticité des fibres du Chêne blanc est si grande, qu'on en fait des corbeilles et des balais. Cet arbre est de tous les Chênes d'Amérique le plus anciennement connu. PARKINSON rapporte que les Indiens font bouillir son gland pour en retirer une huile avec laquelle ils préparent leurs alimens : en effet, il est très-doux.

QUERCUS *ALBA* (*repanda*).

CHÊNE BLANC *à feuilles sinueuses.*

On trouve fréquemment cette variété du Chêne blanc dans les forêts de la Caroline. Ses feuilles sont sinueuses ou sinuolées. C'est dans cet état que nous le voyons dans nos plantations d'arbres exotiques en France. On peut lui rapporter la figure de DU ROI, *pl. 5, fig. 5.*

TAB. V.

1. CHÊNE blanc *à feuilles pinnatifides.*	1. QUERCUS alba *pinnatifida.*
2. ——————— ——— *sinueuses.*	2. ——————— *repanda.*

Dessiné par P. J. Redouté.
Gravé par Plée
QUERCUS Prinus: palustris.

6

5. QUERCUS *PRINUS. L.*

QUERCUS foliis oblongo-ovalibus, acuminatis acutisve, subuniformiter dentatis; deciduis : Cupula craterata, subsquamosa ; Glande ovata.

CHÊNE CHATAIGNIER.

FEUILLES ovales, acuminées ou aiguës, uniformément dentées, caduques : Gland ovoïde.

1. QUERCUS *PRINUS* (*palustris*).

FOLIIS longiuscule petiolatis, obovalibus : Fructu magno ; Cupula modice concava, conspicue squamosa.

> Q. *Castaneæ folio, procera arbor virginiana.* RAY. Hist. PLUCK. Alm. p. 3o9. 54. fig. 3. CATESB. Car. 1. *p.* 18. t. 18. CHARLEV. 11. *p.* 26. DUHAM. Arb. 11. *p.* 2o3.
>
> Q. *maxima, muricatis castaneæ foliis subtus villosis.* PLUCK. Amalth. 18o.
>
> Q. *Castaneæ foliis, Glandibus maximis.* CLAYT. n°. 77.
>
> Q. *Foliis ovatis, sinuato-serratis, denticulis uniformibus.* WALT. Car. p. 234. n°. 5.
>
> Q. *Prinus 3 platanoides.* LAMARCK, Dict. CASTIGL. 11. *p.* 346.

CHÊNE CHATAIGNIER (*des Swamps* *).

SWAMP'S CHESNUT OAK.

HAUTEUR : environ 24 à 3o mètres (*70 à 90 pieds*).

ÉCORCE blanchâtre, se détachant par bandes longitudinales, lorsqu'il est parvenu à l'âge adulte.

FEUILLES assez longuement pétiolées, obovales ; soyeuses au printemps, glabres et glauques pendant l'été ; quelquefois très-tomenteuses dans les vieux individus.

FRUCTIFICATION. Étamines : cinq à dix. Fruit gros; cupule peu concave, très-écailleuse. Pédoncule quelquefois très-court.

---

* Dans les Etats-Unis, le nom de *Swamps* est donné aux endroits frais, humides, et très-ombragés, qui se prolongent ordinairement le long des rivières. C'est dans ces sortes de marais que l'on établit les habitations à riz.

Pays. La partie basse des deux Carolines, de la Géorgie et de la Floride, dans
les forêts humides et très-ombragées.

Obs. Cet arbre est un des plus élevés de tous ceux qui croissent dans la partie
méridionale des Etats-Unis. Il est remarquable par la beauté de sa forme et la grosseur de ses glands qui sont doux et abondans. Aussi sont-ils fort recherchés par les
animaux sauvages, et sur-tout par les cochons, qui, dans ce pays, vivent presque
toute l'année dans les forêts. Son bois est excellent et très-employé pour le charronnage. Il est susceptible de se diviser à un tel point, que dans les habitations, on en
fait des corbeilles et des balais.

2. QUERCUS PRINUS (*monticola*).

Foliis brevi-petiolatis, subrhombeo-ovalibus; Fructu majusculo; Cupula turbinata, scabrosa; Glande oblonga.

Q. Prinus. Marsh. *p.* 125. n°. 16.

CHÊNE chataignier (*des montagnes*).
MOUNTAIN CHESNUT OAK, ROKY OAK.

Hauteur : 13 à 16 mètres (*40 à 50 pieds*).

Feuilles glauques en dessous; sous-rhomboïdales, à dents obtuses; pétiole court.

Fructification. Cinq à dix étamines. Cupule turbinée; gland oblong, assez
gros.

Pays. Depuis l'Etat de Massachusetts jusqu'en Virginie et dans les deux Carolines
sur les hautes montagnes.

Obs. La fructification de celui-ci est très-abondante. Son bois est aussi bon
que celui du Chêne blanc, et son écorce est très-estimée par les Tanneurs. Cet
arbre croît en abondance sur les plus hautes montagnes. Il ne pourrait qu'augmenter
la richesse du sol, si on le cultivait en Europe.

QUERCUS Prinus *monticola.*

QUERCUS Prinus *acuminata*

Dessiné par P. J. Redouté.
Gravé par Plée.
1
2
QUERCUS Prinus. pumila.
tomentosa.

3. QUERCUS *PRINUS* (*acuminata*).

Foliis longe petiolatis, basi obtusis, acutissime serratis; Fructu mediocri; Cupula subhemisphærica.

CHÊNE CHATAIGNIER (*des Illinois*).

NARROW LIVE CHESNUT OAK.

Hauteur : environ 23 à 27 mètres (*70 à 80 pieds*).

Feuilles glabres et glauques, quelquefois blanchâtres, longuement pétiolées, à base obtuse et à dents très-aiguës.

Fructification. Dix Étamines, quelquefois moins; Pédoncule plus court que dans la variété précédente; Fruit moyen; Cupule mince, sous-hémisphérique.

Pays. Toutes les contrées fertiles, à l'ouest des Monts Alléghanis.

Obs. Les différentes variétés du Chêne châtaignier, et sur-tout celle-ci et la précédente, réunissent plusieurs qualités; le Bois en est excellent, leurs Glands sont doux, et leur écorce est très-employée pour tanner. La température du lac Ontario et des Monts Alléghanis où ces arbres croissent, étant la même que celle du Nord de l'Europe, il serait avantageux de les y cultiver.

4. QUERCUS *PRINUS* (*pumila*).

Foliis modice petiolatis, sublanceolatis, subtus glaucis; Fructu præcedentis.

> *Q. Pumila castaneæ folio virginiensis : THE CHINQUAPIN OAK.* PLUCK. Alm. 309. DUHAM. Arb. 11. 203.
> *Q. Prinus humilis.* MARSH. *p.* 125. n°. 17. CASTIGL. 111. *p.* 346.

CHÊNE CHINQUAPIN.

CHINQUAPIN OAK.

Hauteur : environ un mètre (*3 pieds*).

Feuilles glauques, sous-lancéolées; pétiole court.

Fructification. Fruit du précédent.

Pays. Les parties occidentales de la Virginie et de la Caroline.

5. QUERCUS *PRINUS* (*tomentosa*).

FOLIIS subsessilibus, obovalibus, dentibus obtusissimis; subtus tomentosis.

CHÊNE CHATAIGNIER (*velu*).

O B s. Cette variété croît en abondance aux Illinois, dans une vaste plaine humide. Ses feuilles sont velues ou drapées, obovales et à dents très-obtuses, le pétiole est très-court. Le Gland m'a paru doux et bon à manger. Il croît dans la Basse-Virginie un Chêne châtaignier semblable à celui-ci; mais je ne l'ai vu qu'à la fin de l'hiver. On pourrait rapporter à cette variété le Chêne châtaignier que nous cultivons en France, dont les feuilles sont aussi très-tomenteuses, mais beaucoup plus aiguës par la base.

TAB. VI.

1. CHÊNE châtaignier *des Swamps.*	1. QUERCUS prinus *palustris.*
2. ——————— *des montagnes.*	2. ——————— *monticola.*
3. ——————— *des Illinois.*	3. ——————— *acuminata.*
4. ——————— *Chinquapin.*	4. ——————— *pumila.*
5. ——————— *velu.*	5. ——————— *tomentosa.*

Dessiné par P. J. Redouté.
Gravé par Plée
QUERCUS virens.

10

6. QUERCUS *VIRENS*. *AIT.*

QUERCUS Foliis perennantibus, coriaccis; ovato-oblongis; junioribus dentatis, vetustioribus integris. Cupula turbinata, squamulis abbreviatis; Glande oblonga.

Q. *Phellos* β. LINN. Sp. 1412.

Q. *Virginiana sempervirens; foliis oblongis, sinuatis aut non sinuatis.* BANIST. PLUCKN. Alm. 310.

Q. *foliis oblongis, non sinuatis.* CATESB. Car. 1. *p.* 17. t, 17. CHARLEV. 11. *p.* 26. fig. 42.

Q. *Virginiana, foliis lanceolato-ovatis, integerrimis; petiolatis, sempervirentibus.* MILLER. Dict. n°. 16. DU ROI. 11. *p.* 279.

Q. *Phellos sempervirens.* MARSH. Arb. Am. *p.* 124. n°. 15. CASTIGL. 11. *p.* 345.

Q. (sempervirens) *foliis lanceolatis, perennantibus, integerrimis, margine subrevoluto.* WALT. Car. *p.* 234. n°. 1.

Q. (virens) *foliis sempervirentibus, coriaceis, lanceolato-oblongis, subtus subtomentosis, indivisis sinuatisque.* AIT. Kew. 111. *p.* 356. n°. 66.

Q. *Phellos obtusifolia.* LAMARCK, Dict.

CHÊNE VERD DE CAROLINE. *Chéne maritime.*

LIVE OAK.

HAUTEUR : 12 à 13 mètres (*35 à 40 pieds*).

ÉCORCE brune ou noirâtre, peu gercée.

FEUILLES persistantes, coriaces, entières, ovales ou oblongues et un peu obtuses; dentées avant l'âge adulte; soyeuses au printemps, puis d'un verd obscur et légèrement velues en dessous : pétiole court et rougeâtre, ainsi que les nervures.

FRUCTIFICATION. *Fleurs mâles :* quatre à cinq étamines. *Fleurs femelles* longuement pédonculées. Cupule turbinée, assez unie, à écailles raccourcies; gland oblong.

PAYS. Depuis la Basse-Virginie jusqu'à la Floride et le Mississipi, à peu de distance de la mer.

OBS. On ne trouve point cet arbre dans les endroits éloignés de la mer. Il croît abondamment dans les îles et les plages exposées aux vents orageux de l'Océan. Les contrées basses de l'Amérique Septentrionale sont des terres de nouvelle formation, abandonnées par la mer à des époques récentes, eu égard à l'antiquité du globe.

Toute la superficie du sol est une couche sablonneuse sous une masse très-profonde d'argile. Les Chênes maritimes y prennent un accroissement rapide, parce que les racines fibreuses dont ils sont pourvus pendant l'adolescence, trouvent dans un sable mobile la facilité de s'étendre dans tous les sens ; et à mesure qu'ils parviennent à l'âge adulte, les principales racines atteignent le fond argileux, d'où elles reçoivent une nourriture qui entretient leur vigueur pendant plusieurs siècles. C'est ainsi que ces arbres deviennent capables de résister aux efforts des vents impétueux, et de supporter l'ardeur d'un soleil brûlant. Depuis la Virginie jusqu'à l'extrémité de la Floride, le voyageur apperçoit souvent cet arbre isolé, conservant toute sa vigueur dans un sol où les autres ne peuvent exister. Il n'est jamais endommagé par les animaux ; et dans toutes les habitations situées dans la partie basse des deux Carolines et de la Géorgie, les propriétaires le réservent pour servir d'abri aux bestiaux pendant l'hiver, et les garantir de l'ardeur du soleil pendant l'été. Son feuillage devient très-touffu et impénétrable aux rayons du soleil ; en sorte que l'ombrage d'un seul arbre couvre souvent un espace de plus de trente toises. Son fruit toujours très-abondant, est moins âpre que celui de plusieurs autres espèces. On assure que les Sauvages de la Floride en retirent une huile qu'ils mêlent dans leurs alimens. Il est recherché par les cochons et les animaux sauvages. Son bois est d'une excellente qualité, et il est plus estimé que celui de toutes les autres espèces de Chênes qui croissent dans l'Amérique Septentrionale. Dans le midi des Etats-Unis, on l'emploie avec le plus grand avantage à la construction des navires, qui sont d'une grande durée. On le coupe ordinairement vers la fin de l'automne, et il n'est employé que trois mois après.

Le sol de la Basse-Caroline et de la Géorgie étant le même que celui des landes de Bordeaux, le Chêne maritime mérite de fixer l'attention des Gouvernemens français et espagnol. Il offre un moyen de mettre en valeur les landes sablonneuses qui bordent la Méditerranée et l'Océan.

La phrase de BANISTER, le premier des auteurs qui ont connu cet arbre, peut s'appliquer à des individus encore jeunes ; car ses feuilles sont entières dans l'âge adulte. Il arrive aussi assez souvent que lorsqu'une branche vient à être coupée ou rompue à cet âge, les rejetons qui naissent ensuite, produisent, dès la première année, des feuilles sinuées et oblongues, comme dans les jeunes individus.

On peut reconnaître cet arbre dans les jardins d'Europe, à ses feuilles oblongues et luisantes, dont le pétiole et la nervure sont rougeâtres. Il se distingue aisément du Chêne vert (*Q. ilex L.*), dont les feuilles sont opaques et d'un vert sombre.

TAB. X.

CHÊNE verd de Caroline.	QUERCUS virens.
1. *Rameau adulte.*	1. *Ramus adultus.*
2. *Rameau portant des fleurs mâles* a.	2. *Ramus onustus floribus masculis* a.
Rameau avec des fleurs femelles b.	*Femineis* b.

TAB. XI.

1. *Plant d'un an.*	1. *Planta annicula.*
2. *Rameau d'un plant de deux ans.*	2. *Ramus plantæ biennis.*

Dessiné par P. J. Redouté.
Gravé par Plée.

QUERCUS virens.

QUERCUS Phellos.

7. QUERCUS *PHELLOS*. L.

QUERCUS foliis lineari-lanceolatis, integerrimis, glabris, apice setaceo-acuminatis; junioribus dentatis aut lobatis : Cupula scutellata ; Glande subrotunda.

CHÊNE SAULE.

FEUILLES linéaires-lancéolées, très-entières, presque glabres : cupule en soucoupe; gland arrondi, un peu déprimé à sa partie supérieure.

1. QUERCUS PHELLOS (*sylvatica*).

QUERCUS foliis angusto-lanceolatis, utrinque acutis, deciduis.

> Q. *foliis lanceolatis integerrimis, glabris.* LINN. Spec. 1412. GRON. Virg. p. 149.
>
> Q. *lini aut salicis foliis.* BANIST. Cat. Stirp. Virg.
>
> Q. *an potius ilex Marylandica, folio longo angusto salicis.* RAI. Hist. 111. DEND. p. 25. fig. 41.
>
> Q. *Virginiana salicis longiore folio, fructu minimo.* PLUCKN. Amalth. p. 180. t. 441. f. 7. DUHAM. Arb. 11. p. 203.
>
> Q. *foliis lanceolatis, integerrimis, glabris.* GRON. Virg. 117. 149. MILLER. Dict. 11. n°. 12. DU ROI. 11. p. 278. VANGENH. p. 76. fig. 11. CASTIGL. 11. p. 345.
>
> Q. (*Phellos*) *foliis deciduis, lanceolatis, integerrimis, seta terminatis.* WALT. Car. p. 234. n°. 2.
>
> Q. (*Phellos*) *foliis deciduis, lanceolatis, integerrimis.* AIT. Kew. 111. p. 354. n°. 1.
>
> Q. *Phellos angustifolia.* MARSH. Arb. Am. p. 124. n°. 13.
>
> Q. (*Phellos longifolia*) *foliis angusto-lanceolatis, integerrimis, longis, intense viridibus.* LAMARCK, Dict.

CHÊNE SAULE *à feuilles caduques.*

WILLOW OAK.

HAUTEUR : environ 15 à 17 mètres (*45 à 50 pieds*).

ÉCORCE unic.

Feuilles étroitement lancéolées, aiguës par les deux bouts, trifides et quelquefois très-divisées dans les individus jeunes. Pétiole court.

Fructification. *Fleurs mâles :* quatre à cinq étamines. *Fleurs femelles :* deux sur un pédoncule très-court. Cupule mince ; gland petit.

Pays. Depuis le New-Jersey jusqu'à la Floride.

Obs. Cet arbre croît le plus souvent dans les lieux humides et alternativement inondés par les pluies. Son accroissement est plus lent que celui des autres espèces ; mais lorsqu'il est parvenu à l'âge adulte, il forme un bel arbre. Les individus greffés sur le Chêne commun (*Q. robur*) sont toujours plus vigoureux que ceux qui n'ont pas été greffés. Son bois est bon et très-employé. Cette espèce réussit très-bien en France. Dans le jardin de Trianon près Versailles, il existe un pied de cet arbre qui s'élève à plus de 15 mètres (*environ 45 pieds*).

2. QUERCUS phellos (*maritima*).

QUERCUS foliis latiuscule lanceolatis, perennantibus.

Q. folio salicis nonnumquam hieme miti non deciduo. Clayt. n°. 780.

CHÊNE saule à feuilles persistantes. *Chéne saule maritime.*

Celui-ci diffère du précédent, en ce que ses feuilles ne tombent point, et qu'elles sont très-courtes. On le trouve en Caroline, dans le voisinage des criques formés par le flux de la mer. Il fructifie à moins d'un mètre (*3 pieds*) de hauteur. Après un examen plus approfondi, on pourra peut-être en faire une espèce distincte. Je ne l'ai point cultivé.

3. QUERCUS phellos (*pumila*).

QUERCUS fructiculosa : foliis oblongis, basi obtusis.

CHÊNE saule nain. *Chéne saule stolonifère.*

On doit aussi considérer comme une variété du Chêne saule le *Q. pumila* de Walter. Il est très-petit, stolonifère ; ses feuilles sont oblongues et à base obtuse : elles paraissent glauques ; mais en les examinant avec attention, on voit qu'elles sont soyeuses.

TAB. XII.

Chêne saule *à feuilles caduques.*	Quercus phellos *sylvatica.*
1. *Rameau adulte.*	1. *Ramus adultus.*
2. *Rameau d'un jeune plant.*	2. *Ramulus junioris plantæ.*

TAB. XIII.

1. 2. Chêne saule *stolonifère.*	1. 2. Quercus phellos *pumila.*
3. ——————— *à feuilles persistantes.*	3. ——————— *maritima.*

QUERCUS Phellos: 1.2. pumila. 3. maritima.

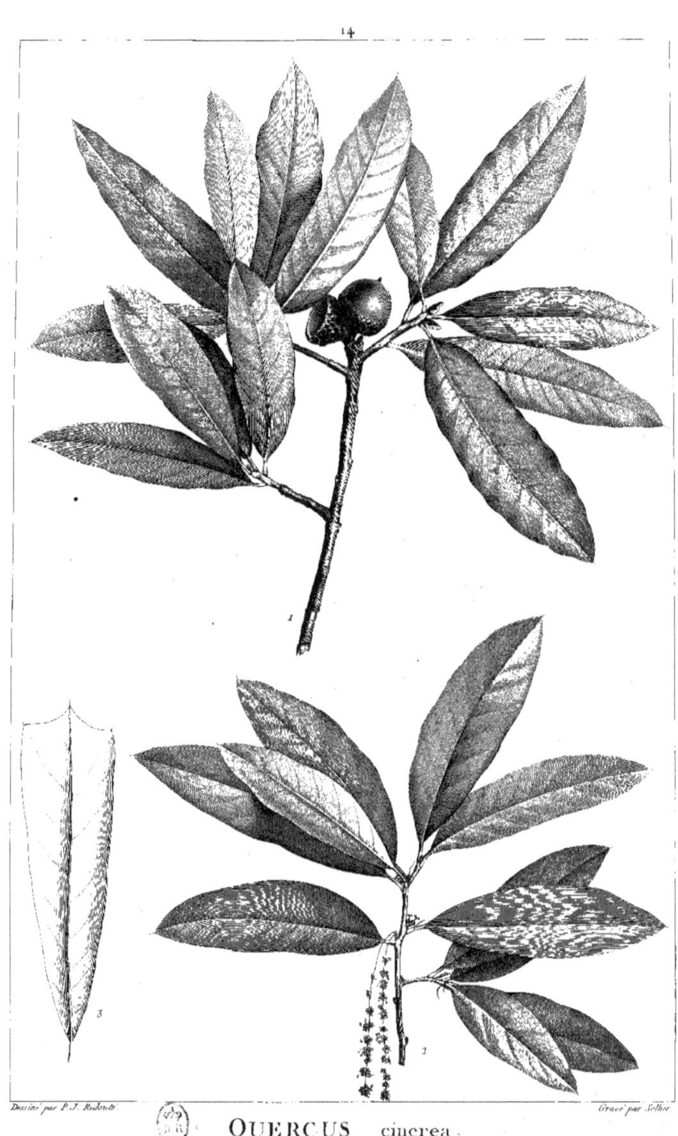

QUERCUS cinerea.

8. QUERCUS *CINEREA.*

QUERCUS foliis petiolatis , lanceolato-oblongis , acutis , integerrimis ; subtus cinereo-pubescentibus : Cupula scutellata, squamis marginalibus introrsum manifestis ; Glande sphærica.

> Q. (*phellos* LINN.) *humilis , salicis folio breviore.* CATESB. Car. 1. *p.* 22. MILL. Dict. n°. 12.
> Q. (*humilis*) *fol. lanceolatis , integerrimis , seta terminatis , subtus tomentosis.* WALT. Car. *p.* 234.
> Q. (*phellos* β.) *fol. subtus sericeis.* AIT. Kew. 111. *p.* 354. n°. 1.

CHÊNE CENDRÉ.

UPLAND WILLOW OAK.

HAUTEUR : cinq à sept mètres (*15 à 20 pieds*).

FEUILLES pétiolées , lancéolées-oblongues , aiguës, entières ; d'un verd obscur en dessus, de couleur cendrée et tomenteuses en dessous.

FRUCTIFICATION. *Fleurs mâles :* quatre étamines. *Fleurs femelles :* semblables à celles du Chêne saule. Cupule en soucoupe, écailles marginales visibles en dedans; gland sphérique.

PAYS. La partie basse des deux Carolines et de la Géorgie.

OBS. Cet arbre est d'une forme désagréable. Il ne croît que dans les endroits secs et arides , particulièrement dans les terreins qui, ayant été cultivés , ont été abandonnés à cause de la mauvaise qualité du sol. Son bois n'est employé que pour le chauffage.

LINNÆUS a rapporté à cette espèce la description et la figure de CATESBY; mais cette figure est si peu exacte, que j'en ai supprimé la citation dans les synonymes.

TAB. XIV.

CHÊNE cendré.	QUERCUS cinerea.
1. *Rameau cueilli en automne.*	1. *Ramus autumnalis.*
2. *Rameau cueilli au printemps.*	2. *Ramus vernus.*
3. *Feuille d'un plant de deux ans.*	3. *Folium plantæ biennis.*

QUERCUS imbricaria.

QUERCUS imbricaria.

9. QUERCUS *IMBRICARIA.*

QUERCUS foliis subsessilibus , ovali-oblongis, acutis , integerrimis, subtus
pubescentibus : Fructu præcedentis; squamis Cupulæ pauló majoribus.

CHÉNE A LATTES.

SHINGLES WILLOW OAK.

HAUTEUR : environ 13 mètres (*4o pieds*).

ÉCORCE grise, peu gercée; rameaux droits.

FEUILLES presque sessiles, grandes, ovales-oblongues, aiguës, entières, d'un verd
obscur en dessus, un peu tomenteuses en dessous.

FRUCTIFICATION. Fruit du précédent; écailles de la cupule un peu plus grandes.

PAYS. Les Monts Alléghanis et les contrées à l'ouest de ces montagnes.

OBS. Le bois de cet arbre est employé par les Français Illinois préférablement
à celui du Chêne des marais (*Q. palustris* DU ROI) qui abonde dans le même
pays. Ils en font des lattes nommées Essentes ou Bardeaux, qui servent à couvrir
les maisons. C'est particulièrement sur la rivière Wabash et à l'embouchure de la
rivière Comberland dans l'Ohio, à 4oo lieues de l'Océan , que j'ai trouvé le plus
abondamment cette espèce , qui est très-rare à l'est des Monts Alléghanis.

T A B. X V.

CHÈNE à lattes. | QUERCUS imbricaria.

T A B. X V I.

Plant d'un an. | *Planta annicula.*

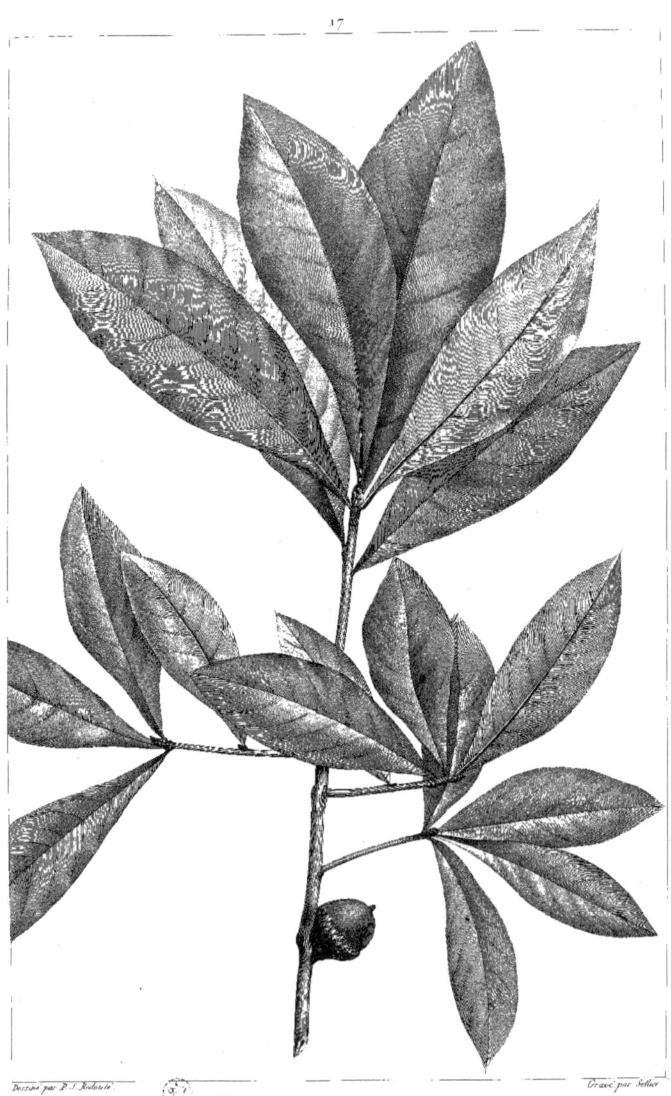

QUERCUS laurifolia.

QUERCUS laurifolia; *hybrida*

10. QUERCUS *LAURIFOLIA.*

QUERCUS foliis subsessilibus, ovali-lanceolatis, inferne in acutum angustatis, integerrimis, glabris : Cupula subturbinata; Glande subglobosa.

CHÊNE LAURIER *à feuilles aiguës.*
SWAMP'S WILLOW OAK.

HAUTEUR : environ 20 mètres (*60 pieds*).

ÉCORCE unie; rameaux droits.

FEUILLES presque sessiles, ovales-lancéolées, rétrécies inférieurement en angle aigu, entières, glabres et luisantes.

FRUCTIFICATION : Cupule un peu turbinée; gland presque globuleux, un peu plus gros que celui du Chêne saule.

PAYS. Les forêts ombragées et le bord de la mer dans la Caroline méridionale et la Géorgie.

OBS. Le bois de cet arbre est de bonne qualité; néanmoins il ne réunit pas toutes celles qui, avec tant de raison, font préférer le Chêne vert de l'Amérique Septentrionale.

C'est la dernière espèce qui a de l'affinité avec le Chêne saule, soit par les feuilles, soit par les parties de la fructification.

QUERCUS *LAURIFOLIA hybrida.*

CHÊNE LAURIER *à feuilles obtuses.*

On trouve cet arbre au bord des ruisseaux qui coulent dans les sables arides. Il diffère du précédent par ses feuilles à sommité élargie et obtuse. On serait tenté de le regarder comme une espèce hybride née de l'alliance du Chêne aquatique avec le Chêne laurier, parce qu'on retrouve la même foliation dans l'un et dans l'autre; mais dans le Chêne aquatique, elle ne se rencontre qu'accidentellement sur les jeunes individus, tandis qu'elle forme le caractère de celui-ci dans l'âge adulte. Du reste, il ressemble en tout au Chêne laurier, dont il est évidemment une variété.

TAB. XVII.

CHÊNE laurier *à feuilles aiguës.* | QUERCUS laurifolia.

TAB. XVIII.

CHÊNE laurier *à feuilles obtuses.* | QUERCUS laurifolia *hybrida.*

QUERCUS aquatica.

QUERCUS aquatica.

11. QUERCUS *AQUATICA.* C*atesb.*

QUERCUS foliis obovali-cuncatis, basi acutis; summitate subintegris varieve-
trilobis; glabris. Cupula modice craterata; Glande subglobosa.

Q. nigra. L*inn.* Sp. pl. 1413.

Q. folio non serrato, in summitate quasi triangulato. C*atesb.* 1. *t.* 20.

Q. aquatica folio non sinuato in summitate ad finem triangulato. C*layt.*
n°. 782.

Q. foliis cuneiformibus, obsolete trilobis, intermedia productiore. G*ron.*
Virg. 149.

*Q. uliginosa, foliis cuneiformibus, integerrimis, obtusis, antice lobo pro-
ductiore.* W*angenh. p.* 80. fig. 18.

*Q. (aquatica) foliis obcuneiformibus, obsolete trilobis, submucronatis,
lœvibus, nitidis, subperennantibus.* W*alt.* Car. *p.* 234. n°. 7.

*Q. (aquatica) foliis annuis, subcuneiformibus, basi attenuatis, lobatis,
glabris.* A*it.* Kew. 111. *p.* 357. n°. 8.

Q. nigra aquatica. L*amarck,* Dict.

Q. nigra aquatica. C*astigl.* 11. *p.* 346.

C H È N E A*quatique.*

W A T E R O A K.

H*auteur* : 18 à 20 mètres (*55 à 6o pieds*).

F*euilles* glabres, cunéiformes; base aiguë, sommité un peu sinueuse ou diver-
sement trilobée; pétiole court.

F*ructification.* *Fleurs mâles :* ordinairement cinq étamines. Cupule un peu
concave; gland presque globuleux.

P*ays.* Depuis le Maryland jusqu'à la Floride.

Obs. Lorsque les lobes des feuilles sont très-obtus, les pointes qui les terminent
tombent au printemps, ou même en naissant. On trouve cet arbre dans les lieux
inondés par les pluies qui couvrent de grandes surfaces de terrein, dans la partie
basse des Carolines et de la Géorgie. On le rencontre aussi dans les endroits secs,
sablonneux, et sur les dunes qui bordent la mer en Floride. Il est improprement
nommé aquatique, le Chêne saule étant aussi aquatique que lui; mais je pense qu'il
y aurait de l'inconvénient à changer les noms donnés par les anciens habitans, et
qui ont été adoptés par les Voyageurs et par les Botanistes.

La plupart des Chênes de l'Amérique Septentrionale produisent sur les jeunes individus des feuilles différentes de celles de l'arbre adulte ; mais la Nature a tellement prodigué ces variations sur le Chêne aquatique, qu'on trouve souvent sur un même individu adolescent, des feuilles obtuses et des feuilles aiguës ; des feuilles lancéolées et entières mêlées avec d'autres qui sont sinuées, etc. (*Voyez les planches XX et XXI.*) Aiton a désigné plusieurs de ces variétés par des noms particuliers ; mais comme elles ne sont pas constantes, ces noms ne peuvent être adoptés.

Le bois de cet arbre est peu estimé. Il seroit cependant d'un bon usage, si on le coupait lorsque la sève est interrompue ; mais cette méthode n'est pas pratiquée en Amérique. On y abat indifféremment les arbres en été comme en hiver, pour les employer immédiatement à la construction des maisons et des navires.

Cet arbre a été confondu avec le Chêne noir ; mais les Auteurs qui ont voyagé en Amérique, Catesby, Clayton, etc. les ont distingués aussi bien que les habitans.

On trouve sur les dunes sablonneuses en Géorgie et en Floride, une variété de cet arbre à feuilles étroites, dentées irrégulièrement, et qui conserve ses feuilles pendant tout l'hiver. C'est probablement cette variété que Bartram a nommée Quercus *dentata* (*narrow leaved winter green oak*), et dans un autre endroit, Quercus *dentata* s. *hemisphœrica*. On doit la rapporter à notre Chêne aquatique. *Voyez* Bartram *Travels*, p. 14, 28 *et* 320.

TAB. XIX.

Chêne aquatique.	Quercus aquatica.
1. *Rameau cueilli en automne.*	1. *Ramus autumnalis.*
2. *Rameau cueilli au printemps.*	2. *Ramus vernus.*

TAB. XX.

Variations de feuilles de jeunes plants.	Foliorum plantæ junioris variationes.
1. *Rameaux et feuilles printanières.*	1. *Ramuli foliaque verna.*
2. *Rameau de la variété maritime de la Géorgie.*	2. *Ramus plantæ in Georgia maritimæ.*

TAB. XXI.

3. 4. 5. *Feuilles d'un plant de deux ans.*	3. 4. 5. *Folia plantæ biennis.*

QUERCUS aquatica.

QUERCUS nigra.

Dessiné par P. J. Redouté.

Gravé par Plée

QUERCUS nigra.

12. QUERCUS *NIGRA. CATESB.*

QUERCUS foliis coriaceis, cuneatis, summitate dilatata retuso-sub-trilobis, basi retusis; subtus rubiginoso-pulverulentis : Cupula turbinata, squamis apice obtuso scariosis; Glande brevi-ovata.

Q. nigra. β. LINN. Sp. 1413.

Q. marylandica , folio trifido ad Sassafras accedente. CATESB. Car. 1. *p.* 19. t. 19. CHARLEV. 11. *p.* 26. *f.* 44.

Q. nigra folio trilobato. CLAYT. n°. 789.

Q. foliis cuneiformibus , obsolete trilobis , intermedio œquali. GRÓN. Virg. 149. MILLER. Dict. n°. 10.

Q. nigra integrifolia. MARSH. Arb. Am. *p.* 121. n°. 7.

Q. nigra. WANGENH. *p.* 77. *f.* 13. CASTIGL. 11. *p.* 346.

Q. nigra , foliis obcuneiformibus , obsolete trilobis villosis; ramis inferioribus declinatis, superioribus ascendentibus. WALT. Car. *p.* 234. n°. 6.

Q. foliis annuis, cuneiformibus, basi subcordatis, obsolete lobatis, lobis dilatatis. AIT. Kew. 111. *p.* 557. n°. 9.

Q. nigra β. LAMARCK, Dict. n°. 12.

CHÊNE NOIR.

BLACK OAK.

HAUTEUR : environ dix mètres (*30 pieds*).

TRONC tortueux; écorce rabotteuse et noirâtre.

FEUILLES coriaces, roussâtres et pulvérulentes en dessous, cunéiformes; base obtuse et plus ou moins échancrée ; sommité très-élargie.

FRUCTIFICATION. *Fleurs mâles :* quatre étamines. *Fleurs femelles :* presque sessiles. Cupule turbinée , écailles à sommet obtus et membraneux ; gland ovoïde.

PAYS. Depuis le Maryland jusqu'à la Floride. On le trouve même dans le New-Jersey.

OBS. Les pointes sétacées qui terminent les lobes des feuilles tombent ordinairement dès le printemps. Quelquefois même il n'y a pas de pointes , lorsque ces lobes ne sont pas déterminés par une proéminence qui indique le prolongement de la nervure.

Il y a une variété à lobes plus aigus, et dont les pointes persistent. Elle paraît se rapprocher du Chêne trilobé : néanmoins elle a plus d'affinité avec le Chêne noir ou le Chêne aquatique. J'ai trouvé cet arbre dans l'Etat du Tennassée , à peu de distance de Nashville.

10

Dans les Carolines, la Géorgie et la Floride, le Chêne noir croît dans les terreins secs et sablonneux, parmi les Pins à longue feuille. Son bois est mauvais, et n'est employé que pour le chauffage. Souvent lorsqu'on abat cet arbre, il se brise comme du bois pourri.

T A B. XXII.

Chêne noir.	Quercus nigra.
1. *Rameau cueilli en automne.*	1. *Ramus autumnalis.*
2. *Rameau cueilli au printemps.*	2. *Ramus vernus.*

T A B. XXIII.

1. *Plant d'un an.*	1. *Planta annicula.*
2. 3. *Feuilles de jeunes plants.*	2. 3. *Folia junioris plantæ.*

Dessiné par P. J. Redouté.

Gravé par Plée.

QUERCUS tinctoria.

i3. QUERCUS *TINCTORIA*. *BARTR.*

QUERCUS foliis petiolatis, subtus pubescentibus, lato-obovalibus, leviter et
subrotunde lobatis, basi obtusis : Cupula subscutellata aut turbinata; Glande depresso-globosa aut ovata.

i. QUERCUS *TINCTORIA angulosa.*

QUERCUS foliis leviter lobatis, lobis angulosis : Cupula subscutellata ; Glande
depresso-globosa.

Q. *Americana rubris venis; foliis media parte in ventrem tumentibus.*
    PLUCK. Alm. *p.* 3o9.
Q. *nigra.* MARSH. Arb. Am. *p.* 120. n°. 4.
Q. *velutina.* LAMARCK. Dict.
Q. *tinctoria.* BARTR. Trav. *p.* 37.

CHÊNE QUERCITRON *à feuilles anguleuses.*
GREAT BLACK OAK. CHAMPLAIN BLACK OAK.

HAUTEUR : 20 à 26 mètres (*60 à 80 pieds*).

ÉCORCE noirâtre.

FEUILLES pétiolées, largement obovales, à base obtuse; lobes peu profonds et
anguleux; d'un verd obscur en dessus, légèrement pubescentes en dessous.

FRUCTIFICATION. *Fleurs mâles :* quatre étamines. Cupule presqu'en soucoupe,
très-écailleuse, écailles peu adhérentes; gland arrondi, un peu déprimé.

PAYS. Le lac Champlain, la Pensylvanie et les hautes montagnes des deux Carolines et de la Géorgie.

OBS. Les habitans de Pensylvanie et des montagnes nomment aussi cet arbre
CHÊNE noir; mais le véritable Chêne noir est celui de CATESBY et des habitans
de la Basse-Caroline, qui croît dans les sables arides; au lieu que celui-ci ne
croît que dans les bons terreins, toujours éloignés de la mer. BARTRAM en a mesuré
dans la Géorgie qui avaient six à dix pieds de diamètre. Ceux que j'ai vus sur le
lac Champlain n'en avaient, pour la plupart, que trois à quatre; mais dans les
intervalles des hautes montagnes de la Caroline Septentrionale, ils acquièrent le
double de grosseur.

L'écorce de cet arbre est employée par les Tanneurs dans toutes les parties septentrionales et occidentales des Etats-Unis. Elle fournit une couleur jaunâtre qui lui a fait donner le nom de *QUERCITRON*, et qui donne au cuir un plus grand prix. Cette écorce broyée et réduite en poudre, s'est vendue en France, pendant plusieurs années, pour l'usage des Teinturiers; mais la guerre a détruit cette nouvelle branche de commerce entre la France et les Etats-Unis.

Le bois, quoiqu'inférieur à celui du Chêne blanc, est d'une grande ressource pour les usages économiques et pour la construction des maisons. KALM rapporte qu'il est employé pour la construction des bâtimens de cabotage (*SEHOONERS*). Il parle aussi très-avantageusement de cet arbre, dans son Histoire de la Caroline, *Lond.* 1718.

2. QUERCUS *TINCTORIA* (*sinuosa*).

FOLIIS profundius sinuosis; Cupula turbinata; Glande ovata.

> Q. (*nigra*) *foliis cuneiformibus, obsolete trilobis, venis, ut plurimum, in setas productis.* DU ROI. n°. *p.* 272. *t.* 6. fig. 1.
> Q. *nigra.* WANGENH. *p.* 79. fig. 16.

CHÊNE QUERCITRON *à feuilles sinueuses.*

On trouve aussi cette variété dans la partie basse de la Caroline Méridionale et dans la Géorgie, à une certaine distance de la mer. Ses feuilles sont ordinairement très-grandes, et sinuées plus profondément. Les glands ont la même forme que ceux du Chêne écarlate, et la cupule est plus profonde que celle du grand Chêne noir de la Haute-Virginie et de la Haute-Caroline, où les échantillons qui ont servi à la figure XXIV ont été recueillis.

TAB. XXIV.

CHÊNE quercitron *à feuilles anguleuses.* | QUERCUS tinctoria *angulosa.*

TAB. XXV.

CHÊNE quercitron *à feuilles sinueuses.* | QUERCUS tinctoria *sinuosa.*

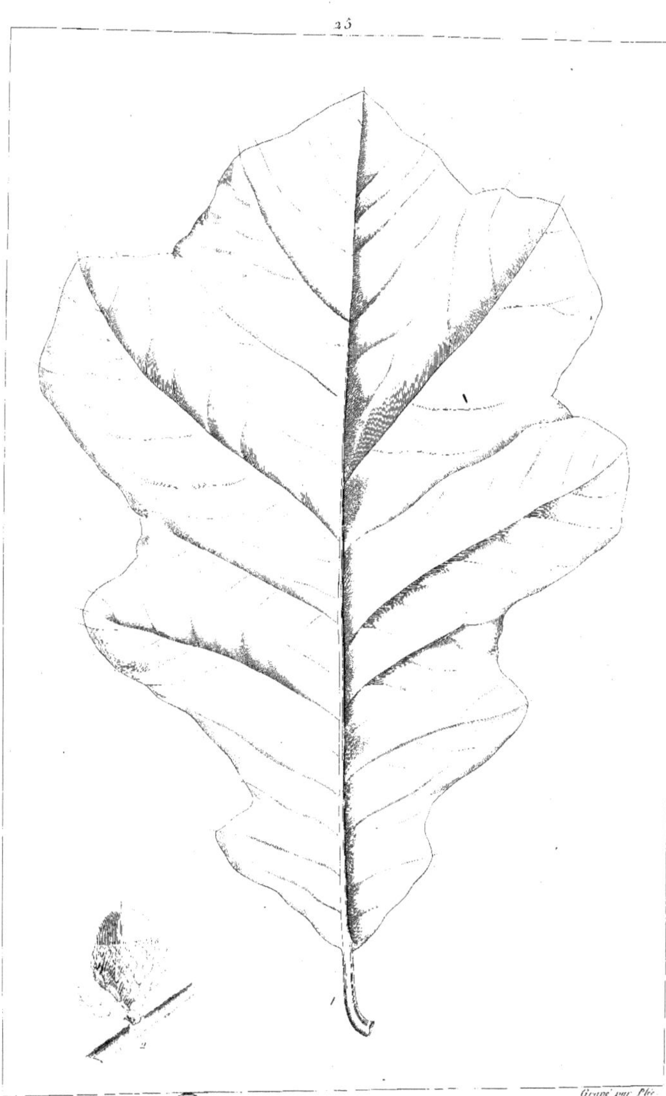

QUERCUS tinctoria.

Dessiné par P. J. Redouté
Gravé par Plée
QUERCUS triloba.

i4. QUERCUS *TRILOBA.*

QUERCUS foliis petiolatis, oblonge cuneatis, summitate lobato-tricuspidibus ; subtus eximie tomentosis : Cupula scutellata; Glande globosa.

CHÊNE TRILOBÉ.

DOWNY BLACK OAK.

HAUTEUR : 17 à 20 mètres (*5o à 6o pieds*); accroissement rapide.

ÉCORCE unie.

FEUILLES oblongues-cunéiformes , trilobées au sommet; drapées et de couleur cendrée en dessous ; pétiole beaucoup plus long que celui du Chêne noir.

FRUCTIFICATION. *Fleurs mâles :* quatre étamines. *Fleurs femelles* presque sessiles : cupule en soucoupe ; gland globuleux , petit.

PAYS. Depuis la Nouvelle-Angleterre jusqu'en Géorgie.

OBS. La végétation de cet arbre est marquée par un accroissement rapide et vigoureux , même dans les mauvais terreins. Après les incendies qui ont lieu tous les ans en Amérique, ses rejetons produisent, pendant les premières années, des feuilles qui ne ressemblent point à celles de l'arbre adulte. Les divisions latérales et intermédiaires sont beaucoup plus profondes , et les subdivisions sont très-multipliées.

Cette espèce de Chêne peut être employée très-utilement à former des clôtures de haies vives. L'on pratiquera sur le sommet d'un fossé une tranchée d'un pied de largeur, et on y sèmera les glands assez abondamment. Pendant les deux premières années , il faudra avoir soin de biner et de sarcler le terrein. Dans le courant de la quatrième, les jeunes tiges devront être croisées en sautoir; et ainsi disposées, elles formeront une haie extrèmement serrée et d'une grande résistance , qui pourra durer plus d'un siècle.

Je conseille de semer les glands aussi-tôt qu'ils ont été récoltés; mais dans le courant de l'hiver, les rats et les taupes en détruisent souvent beaucoup. L'on pourra éviter cet inconvénient, en les faisant germer dans des caisses remplies de terres légères, et les planter ensuite. Par ce moyen, l'on sera assuré d'une réussite complète, et d'avoir une haie uniforme dans toute son étendue.

Le bois de cet arbre est employé pour les clôtures en zigzag. Pour faire ces clôture, on coupe les arbres par pièces de dix pieds de longueur, qu'on fend ensuite en autant de parties de quatre pouces de diamètre que l'arbre peut en contenir. On pose sur le terrein qu'on veut enclore, une première ligne d'une longueur indéterminée, en faisant porter en zigzag le bout de la seconde pièce sur celui de la première ; le bout de la troisième sur celui de la seconde, etc. Ensuite on recommence un autre rang sur les premiers, et on continue jusqu'à la hauteur de quatre à cinq pieds ; de sorte que l'assemblage de ces pièces, par leurs extrémités, forme un angle rentrant, et ressemble à un parc à moutons. La grande consommation de bois qui résulte de cette mauvaise manière d'enclore les terres, ne contribue pas moins à la destruction des forêts, que les incendies annuels. Les auteurs n'ont pas décrit cet arbre dans le style des Botanistes ; mais le passage suivant, extrait des Voyages de KALM, ne peut convenir qu'à cette espèce. « On trouve en Pensylvanie une » espèce rare de Chêne connue par ses feuilles, ayant un sommet triangulaire, et » les angles terminés par une soie courte : ses feuilles sont lisses en dessus, et velues » en dessous ». KALM's *Travels.*

TAB. XXVI.

Chêne trilobé.	Quercus triloba.
1. *Rameau adulte.*	1. *Ramus adultus.*
2. *Feuille d'un jeune rejeton.*	2. *Folium junioris surculi.*

27

QUERCUS Banisteri.

15. QUERCUS *BANISTERI.*

QUERCUS foliis longe petiolatis, acutangulo-quinque-lobis, margine integris; subtus cinereo-tomentosis : Cupula subturbinata; Glande subglobosa.

> *Q. pumila Banisteri.* Catal. Stirp. Virg.
> *Hemeridis cujusdam seu Quercus pumilœ in nova Anglia nascentis.* RAJ. Hist. 11. 1388.
> *Q. pumila bipedalis; foliis oblongis , sinuatis, subtus tomentosis.* CLAYT. 11. n°. 628. per GRONOV. 189. 150.
> *Q. nigra pumila.* MARSH. Arb. Am. *p.* 122. n°. 8.
> *Q. ilicifolia , foliis cuneiformibus, tri et quinque-lobis , acutis , seta terminatis, subtus albidis; omnibus reliquis speciebus multo minor.* VANGENH. *p.* 79. fig. 17.
> *Q. pumila, foliis obtuse sinuatis, setaceo-mucronatis, subquinque-lobis, subtus albicantibus.* CASTIGL. 11. *p.* 347. t. 13.

CHÊNE DE BANISTER. *Petit Chéne velouté.*

RUNNING DOWNY OAK.

HAUTEUR : 2 à 3 mètres (*6 à 9 pieds*).

FEUILLES longuement pétiolées, divisées en cinq lobes formant autant d'angles aigus à bord très-entier; drapées et de couleur cendrée en dessous.

FRUCTIFICATION. Fruit petit; deux sur chaque pédoncule; cupule un peu turbinée; gland presque globuleux.

PAYS. Dans l'Etat de Massachusetts, de New-York et de New-Jersey.

OBS. Cet arbre croît dans les terreins argileux et froids. Il est toujours petit, et serait vraisemblablement très-bon à faire des haies vives , ainsi que le *Q. triloba.*

TAB. XXVII.

CHÈNE de Banister.	QUERCUS Banisteri.
1. *Rameau cueilli au printemps , naissant d'un rameau fructifère de l'année précédente.*	1. *Ramus superne floridus , inferne annotinus et fructifer.*
2. *Feuille d'un jeune plant.*	2. *Folium junioris plantœ.*
3. *Fruits mûrs.*	3. *Fructus maturi.*

28

QUERCUS falcata.

16. QUERCUS *FALCATA.*

QUERCUS foliis longe petiolatis, basi obtusis, divaricatim subpalmato-lobatis,
lobis subfalcatis : Cupula crateriformi ; Glande globosa.

> Q. *foliis annuis , subtus pubescentibus ; sinuatis, sinubus patentibus , laci-
> niis setaceo-mucronatis.* AIT. Kew. 111. *p.* 358. n°. 11.
>
> Q. *rubra seu Hispanica ; foliis amplis, varie profundeque incisis?* CLAYT.
> n°. 785.
>
> Q. *rubra montana.* MARSH. Arb. Am. *p.* 123. n°. 11.

CHÊNE VELOUTÉ.

DOWNY RED OAK.

HAUTEUR : 17 à 20 mètres (*5o à 6o pieds*).

FEUILLES longuement pétiolées, à base obtuse, lobées en main ouverte ; lobes
peu divisés au sommet, le plus souvent recourbés en faux.

FRUCTIFICATION. Cupule peu profonde, écailles peu adhérentes ; gland petit,
globuleux.

PAYS. Depuis la Virginie jusqu'à la Floride.

OBS. Avant l'âge adulte, cet arbre produit des feuilles dont les divisions latérales
et intermédiaires sont subdivisées ; et dans cet état de variation , les lobes sont droits.
Ce caractère annonce de l'affinité avec le Q. *triloba ;* de sorte que dans la jeunesse,
il est difficile de distinguer ces deux arbres ; mais lorsqu'ils parviennent à l'âge
adulte , ils reprennent le caractère propre à chaque espèce.

TAB. XXVIII.

CHÊNE velouté. | QUERCUS *falcata.*

QUERCUS Catesbæi.

QUERCUS Catesbæi.

17. QUERCUS *CATESBÆI.*

QUERCUS foliis brevissime petiolatis, basi in acutum angustatis, subpalmato-lobatis, lobis interdum subfalcatis : Cupula majuscula , squamis marginalibus introflexis; Glande subglobosa.

> *Q. esculi divisura, foliis amplioribus aculeatis.* CATESB. Car. 1. *p.* 23. t. 23.
>
> *Q. rubra nana?* MARSH. Arb. *p.* 123. n°. 12.

CHÊNE DE CATESBY.

SANDY RED OAK.

HAUTEUR : 10 à 13 mètres (*30 à 40 pieds*).

ÉCORCE noirâtre et raboteuse.

FEUILLES glabres et luisantes, coriaces, rétrécies en angle aigu par leur base; a trois ou à cinq lobes qui sont quelquefois recourbés en faux ; pétiole très-court.

FRUCTIFICATION. *Fleurs mâles :* quatre étamines; cupule assez grande, épaisse, écailles du bord repliées intérieurement ; gland presque globuleux.

PAYS. Le Maryland, la Virginie et les Carolines.

OBS. Le Chêne de CATESBY croît dans les terreins secs et arides. Souvent il se trouve avec le Chêne noir ; son bois est de mauvaise qualité, et l'on ne l'emploie que pour le chauffage.

CATESBY a emprunté mal-à-propos la phrase de PLUCKNET, qui ne doit se rapporter qu'au vrai Chêne rouge (*Q. rubra* LINN.), reconnu pour tel par VANGENHEIM et par les habitans du Canada. LINNÆUS a aussi confondu cette espèce avec le Chêne rouge.

TAB. XXIX.

CHÊNE de Catesby.	QUERCUS Catesbæi.
1. *Rameau cueilli en automne.*	1. *Ramus autumnalis.*
2. *Rameau cueilli au printemps.*	2. *Ramus vernus.*
3. *Cupule.*	3. *Cupula.*

TAB. XXX.

1. *Plant d'un an.*	1. *Planta annicula.*
2. *Feuille d'un plant de deux ans.*	2. *Folium plantæ biennis.*

QUERCUS coccinea.

QUERCUS coccinea.

18. QUERCUS *COCCINEA. WANGENH.*

QUERCUS foliis longissime petiolatis, 5-7 lobis; lobis dentibusque acutissime angustatis : Cupula turbinata, insigniter squamosa; Glande brevi-ovata.

Q. coccinea. WANGEN. *p.* 44. t. 9.
Q. rubra coccinea, calycibus urceolatis. AIT. Kew. III. *p.* 357. n°. 10. β.

CHÊNE ÉCARLATE.

SCARLET OAK.

HAUTEUR : 25 à 27 mètres (*75 à 80 pieds*).

FEUILLES glabres, à cinq ou sept lobes, dont les dents et le sommet sont rétrécis en pointe, sinus très-arrondis, pétiole très-long.

FRUCTIFICATION. *Fleurs mâles :* quatre étamines : cupule turbinée, très-écailleuse; gland ovoïde.

PAYS. La Virginie et la partie élevée des deux Carolines; rare dans les parties plus septentrionales.

OBS. Les habitans des contrées où croît cette espèce, le distinguent très-bien d'avec le Chêne rouge, dont les branches sont beaucoup plus flexibles. Il en diffère encore par les feuilles qui sont plus grandes, et sont supportées par de très-longs pétioles. Elles prennent à l'approche de l'hiver, une couleur rouge assez foncée; la forme des glands, et sur-tout de la cupule, offre des caractères si différens et si constans dans le Chêne écarlate, que l'on doit les considérer comme deux espèces bien distinctes.

Le bois de cet arbre est préféré à celui du Chêne rouge; mais son écorce est moins estimée pour le tannage. WANGENHEIM est le premier auteur qui ait distingué ces deux espèces. La description qu'il donne de la foliation de l'une et de l'autre est exacte; mais il y a erreur dans la figure du gland, qui doit être plus gros, comme il le dit lui-même dans sa description. En général, les figures de cet auteur sont bonnes, quant à la foliation; mais elles sont imparfaites pour ce qui regarde la fructification.

TAB. XXXI.

CHÊNE écarlate. | QUERCUS coccinea.

TAB. XXXII.

Plant d'un an. | *Planta annicula.*

15

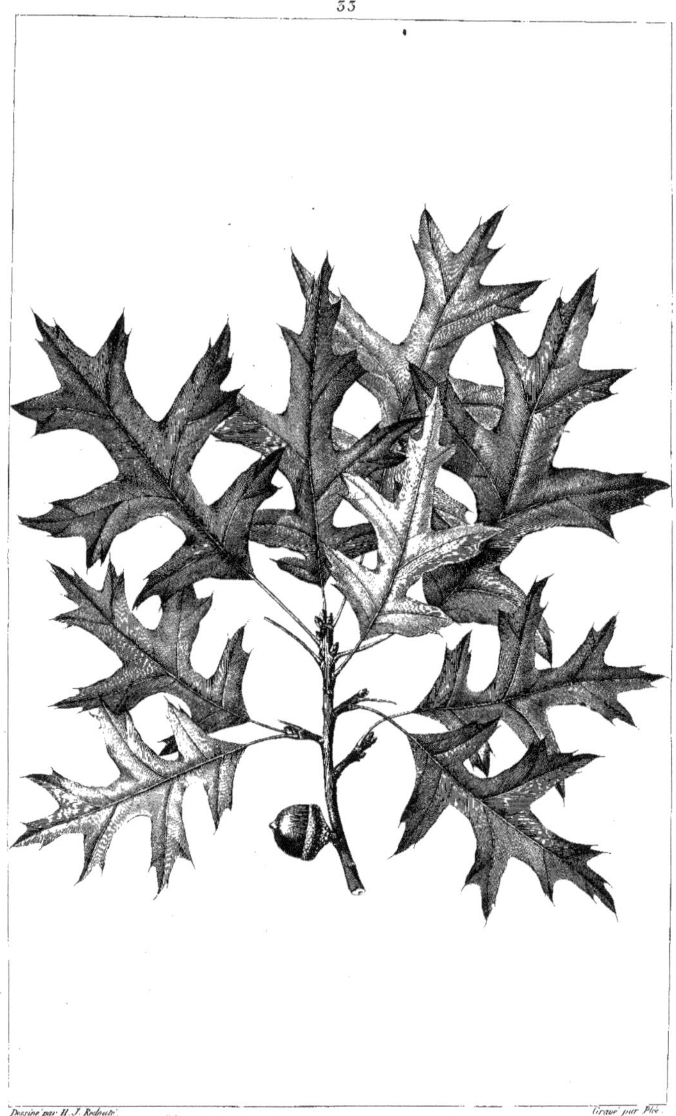

QUERCUS paluſtris.

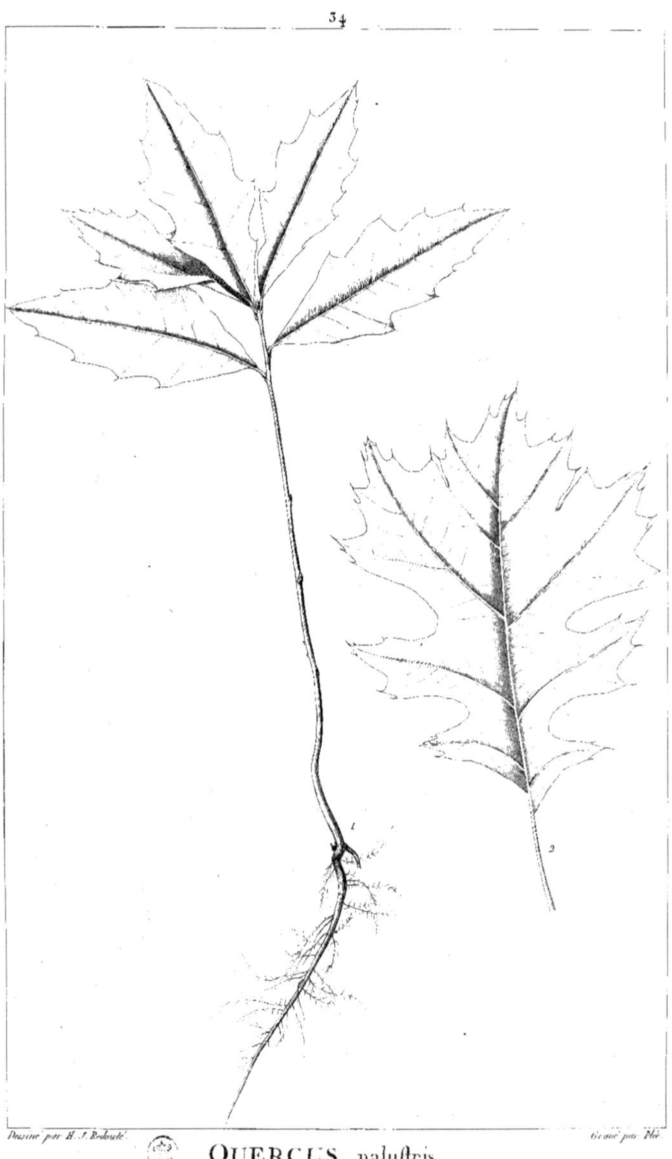

34

QUERCUS paluſtris.

19. QUERCUS *PALUSTRIS.* DU ROI.

QUERCUS foliis longe petiolatis, profundius septem lobis; sinubus latis, lobis oblongis, acute subdivisis : Fructu parvo; Cupula scutellata, lævi; Glande sub-globosa.

> *Q. foliis oblongis , pinnatifidis ; laciniis dentatis, acuminatis , seta termi-*
> *natis.* DU ROI, Harbk. 11. *p.* 268. t. 5. fig. 4.
> *Q. rubra ramosissima.* MARSH. Arb. Am. *p.* 122. n°. 10.
> *Q. palustris.* WANGENH. *p.* 76. fig. 10.
> *Q. rubra dissecta.* LAMARCK, Dict.

CHÊNE DES MARAIS.

SWAMP'S RED OAK.

HAUTEUR : 10 à 13 mètres (*30 à 40 pieds*). Très-rameux; branches du bas se recourbant vers la terre.

FEUILLES longuement pétiolées, profondément découpées par des sinus larges, en sept lobes oblongs et à dents ou subdivisions aiguës; semblables à celles du Chêne écarlate, mais plus petites.

FRUCTIFICATION. La même que celle du Chêne saule. Cupule en soucoupe, unie; gland petit.

PAYS. Depuis la Nouvelle-Angleterre, jusqu'en Virginie et les contrées à l'ouest des monts Alléghanis.

OBS. Cette espèce est abondante dans le pays des Illinois. Les Français qui habitent ces contrées l'emploient plus particulièrement pour faire des raies de roues, des pieux ou poteaux, etc. De toutes les espèces de Chêne de l'Amérique, c'est une de celles qui varie le moins. Les individus que j'ai vus en France ressemblent parfaitement à ceux qui croissent en Pensylvanie et dans le pays des Illinois. La figure donnée par DU ROI, pl. v, fig. 4, est très-exacte.

TAB. XXXIII.
CHÊNE des Marais. | QUERCUS palustris.
TAB. XXXIV.

1. *Plant d'un an.* | 1. *Planta annicula.*
2. *Variété.* | 2. *Varietas.*

QUERCUS rubra.

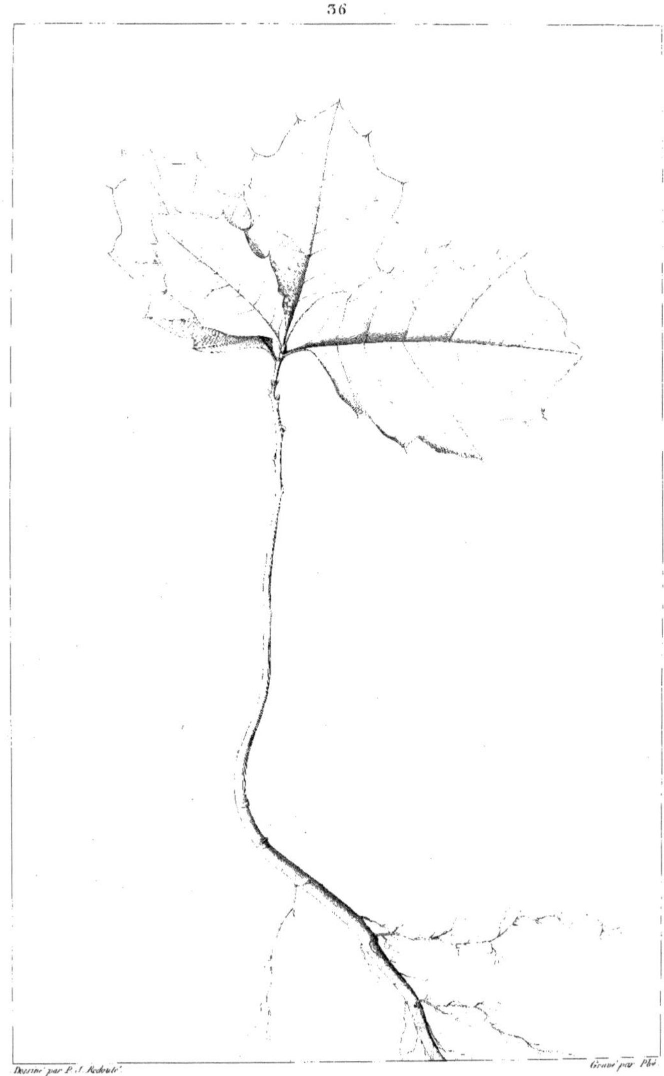

35

QUERCUS rubra.

20. QUERCUS *RUBRA. L.*

QUERCUS foliis longe petiolatis, glabris; 7-9 lobis; lobis brevibus, dentibus angulisve acutissimis, sinubus subacutis : Fructu majusculo; Cupula scutellata sublævi; Glande turgide ovata.

> *Q. foliis obtuse sinuatis, setaceo-mucronatis.* LINN. Sp. plant. 1413.
> *Q. esculi divisura, foliis amplioribus, aculeatis.* PLUCKN. Alm. 309. t. 54. f. 4.
> *Q. rubra.* KALM's Trav. 1. *p.* 66.
> *Q. rubra maxima.* MARSH. Arb. Am. *p.* 122. n°. 9.
> *Q. rubra.* WANGENH. 14. fig. 7.
> *Q. rubra, calycibus abbreviatis, subtus planiusculis.* AIT. Kew. 111. *p.* 357. n°. 10. (variet. α latifolia).
> *Q. rubra latifolia.* LAMARCK, Dict.

CHÊNE ROUGE.

RED OAK.

HAUTEUR : 30 à 35 mètres (*90 à 100 pieds*); accroissement rapide.

FEUILLES sinuées moins profondément que celles des deux espèces précédentes, à 7 ou 9 lobes, dents ou angles très-aigus, sinus aigus, quelquefois obtus; pétiole très-long.

FRUCTIFICATION. Fruit assez gros; cupule en soucoupe, un peu unie; gland ovoïde court.

PAYS. Depuis le Canada jusques dans la Géorgie, et toutes les contrées à l'ouest des monts Alléghanis.

OBS. Cet arbre est un de ceux qu'il serait le plus avantageux de cultiver dans toute l'Europe. Son bois, quoiqu'inférieur en qualité à celui du Chêne blanc, est cependant très-employé pour la charpente et le charronnage. Son écorce est préférée à celle de toutes les autres espèces pour le tannage. Les Tanneurs Européens établis dans les États-Unis, ont observé qu'elle contenait un principe beaucoup plus actif que celle des Chênes d'Europe employée au même usage. Je l'ai vu depuis la Malbaye, à 28 lieues au nord-est de Québec, jusqu'à l'embouchure de l'Ohio; dans les États du Nord, dans la Virginie, le Kentucky, l'État de Tennassée, et dans la partie haute des deux Carolines. On le rencontre plus rarement dans les parties basses de ces deux États. Il croît rapidement dans les terreins sablonneux, ferrugineux et froids. Ceux que j'avais envoyés d'Amérique, et qui ont été plantés à Rambouillet, au nombre de plusieurs milliers, sont parvenus, en moins de dix

ans, à plus de 3o pieds de hauteur, et cependant ils avaient été replantés deux
fois.

Cet arbre est naturalisé dans la terre de *Duhamel*, où il y fructifie tous les ans,
et il s'y reproduit sans culture.

PLUCKNET est le premier qui ait donné une figure de cette espèce. J'ai retranché
dans les synonymes la citation de CATESBY, qui, n'ayant point connu cet arbre,
avait appliqué la phrase de PLUCKNET à une espèce différente. J'ai aussi supprimé
plusieurs autres synonymes rapportés par LINNÆUS, parce qu'ils peuvent convenir
à plusieurs espèces.

T A B. X X X V.

CHÊNE rouge. | QUERCUS rubra.

T A B. X X X VI.

Plant d'un an. | *Planta annicula.*

F I N.

TABLE DES AUTEURS.

Ait. Kew.   WILLIAM AITON, Hortus Kewensis. *London*, 1789.

J. Banist. Virg.   J. BANISTER, Catalogus Plantarum in Virginia observatarum, reperitur in Raji Historia, *p.* 1927.

Bartr. Trav.   WILLIAM BARTRAM, Travels through north and south Carolina, and Georgia , etc. *Philadelphia*, 1791.

Castigl. Viagg.   LUIGI CASTIGLIONI, Viaggio negli Stati uniti dell America Settentrionale. *Milano*, 1790.

Catesb. Car.   MARK CATESBY, the natural History of Carolina. *London*, 1731.

Charlev.   Le P. CHARLEVOIX, Histoire et description générale de la Nouvelle-France. *Paris*, 1740.

Clayt.   Numeri Plantarum in Virginia observatarum a JOHANNE CLAYTONO. *V.* Flor. Virgin.

Clus. Hist.   CAR. CLUSIUS, Rariorum Plantarum historia. *Antuerpiæ*, 1601.

Duham. Arb.   DUHAMEL DU MONCEAU, Traité des Arbres et Arbustes. *Paris*, 1755.

Du Roi harbk.   JOH. PHIL. DU ROI, Die harbkesche wilde baumzucht. *Braunschweig*, 1771.

Gronov. Virg.   JOH. FRED. GRONOVIUS, Flora virginica exhibens plantas, quas J. Claytonus observavit, collegit et obtulit. *Lugduni-Batavorum*, 1759-1743, in-8°. et 1762, in-4°.

Kalm's Trav.   PETER KALM, Travels into north America. *London*, 1770.

Linn. Spec. pl.   CAR. LINNÆUS, Species plantarum edit. 3. *Vindebonæ*, 1764.

Lamark. Dict.   LAMARCK, Encyclopédie méthodique.

Marsh. Arbust.   HUMPHRY MARSHALL, Arbustum Americanum, or American grove. *Philadelphia*, 1785.

Mill. Dict.   PHILIP. MILLER, Gardener's Dictionary. *London*, 1768.

Park. Theat.   JOHN PARKINSON, Theatrum botanicum. *London*, 1640.

Pluckn. Phyt.   LEON PLUCKNET, Phytographia. *Londini*, 1691.

———— *Alm.*   ———————— Almagestum botanicum. *Londini*, 1696.

———— *Amalth.*   ———————— Amaltheum botanicum. *Londini*, 1705.

Walt. Car.   THOMAS WALTER, Flora caroliniana. *Londini*, 1788.

Wang. Forst.   FRIDER. AD. JULIUS VON WANGENHEIM, Beytrag zur teustchen holzgerechten forstwissenchaft. *Gottingen*, 1787.